身体
变变变！

假如我有
变色龙的皮肤

段张取艺 著 / 绘

電子工業出版社.
Publishing House of Electronics Industry
北京·BEIJING

U0225251

图书在版编目（CIP）数据

身体变变变！. 假如我有变色龙的皮肤 / 段张取艺
著、绘. -- 北京：电子工业出版社, 2024. 7. -- ISBN
978-7-121-48241-0

Ⅰ. Q95-49

中国国家版本馆CIP数据核字第2024K1A568号

责任编辑：王　丹

印　　刷：北京缤索印刷有限公司

装　　订：北京缤索印刷有限公司

出版发行：电子工业出版社

　　　　　北京市海淀区万寿路 173 信箱　　邮编：100036

开　　本：787×1092　1/12　印张：23.5　字数：238 千字

版　　次：2024 年 7 月第 1 版

印　　次：2024 年 7 月第 1 次印刷

定　　价：168.00 元（全 7 册）

凡所购买电子工业出版社图书有缺损问题，请向购买书店调换。若书店售缺，请与本社发行部
联系，联系及邮购电话：(010) 88254888 或 88258888。

质量投诉请发邮件至 zlts@phei.com.cn，盗版侵权举报请发邮件至 dbqq@phei.com.cn。

本书咨询联系方式：(010) 88254161 转 1823，wangd@phei.com.cn。

什么样的身体才是超级完美的？

你是不是羡慕过**动物们的皮肤**？
总觉得它们的皮肤比我们的强大，

能保暖、抵御攻击、随环境变色，

拥有我们没有的绚丽花纹，
长着令我们不敢靠近的尖刺，
铺满我们无法击破的鳞片……
这么看来我们的皮肤真的很普通！
要是我们能拥有动物们的皮肤那该多好呀！

幸运的是，你打开了这本书！

跟我一起去寻找超级完美
的皮肤吧！

超级变变变——变色龙的皮肤

如果我有变色龙的皮肤，那我就可以随环境变换皮肤颜色，拥有"隐身"的超能力！

变身隐形特工潜入秘密基地！

轻轻松松。

爬

变色龙的小秘密
变色龙能操控皮肤来改变颜色。例如，皮肤放松时是蓝色，紧绷时是黄、橙或红色，中性的状态下又会变为绿色。

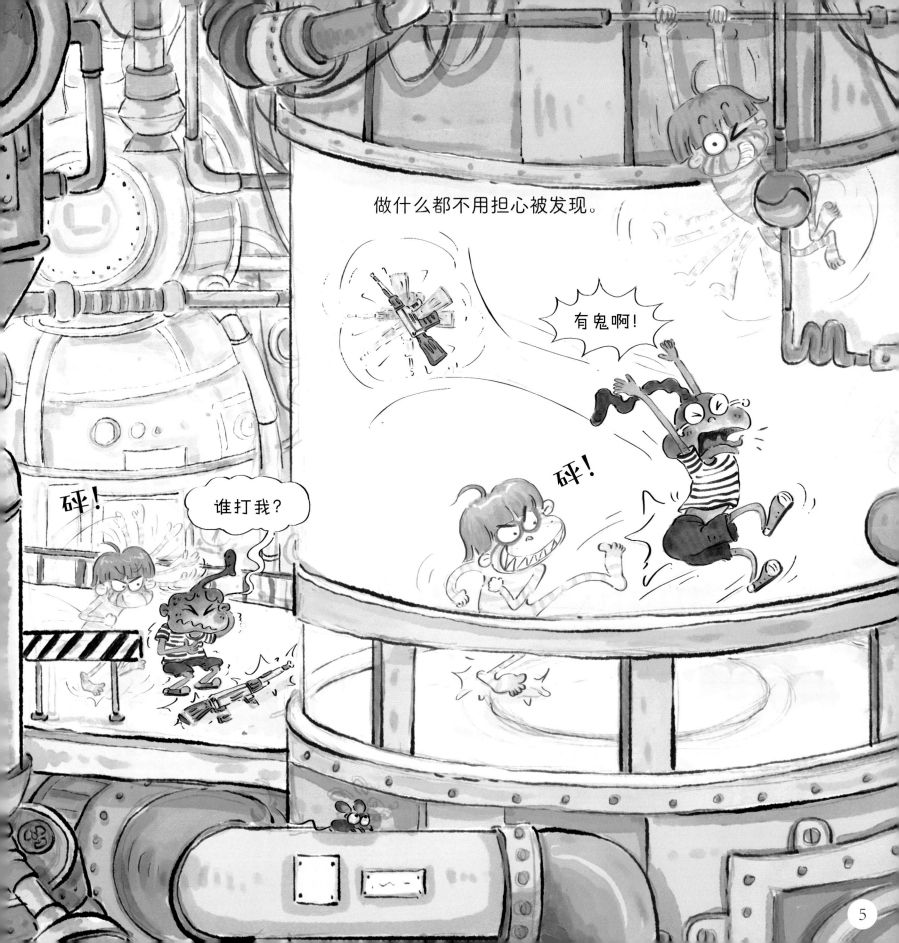

皮肤受伤了，换掉！

皮肤变老了，换掉！

皮肤永远像新的一样！

这么百变的皮肤真是太厉害啦！
看来这就是超级完美的皮肤了吧！

不过——

必须脱光了才能完全隐身。

而且隐身后很容易被大家忽视。

扔垃圾的人看不到你。

玩飞盘的人看不到你。

开车的人也看不到你。

看来能"隐身"的皮肤也没有想象中那么好，还是换其他的试试吧！

超级变变变——穿山甲的皮肤

变色龙的皮肤一点儿也不靠谱，要不试试穿山甲的？穿山甲的皮肤上都是坚硬的鳞片，穿上它像穿了副铠甲一样，如果有这样的皮肤，一定很安心！

变身铠甲勇士，刀枪不入。

金钟罩，铁布衫！

穿山甲的小秘密
穿山甲皮肤上的鳞片和人类指甲的成分类似，但更坚硬，连狮子都咬不开，甚至还可以挡子弹。

以后再也不怕被蚊子咬了！

10

洗完了还要一片一片地擦干。

衣服还容易被鳞片刮破。

这么多鳞片也太不方便了，还是
换其他没有鳞片的皮肤吧！

超级变变变———海豚的皮肤

那到海洋里找找看呢？海豚的皮肤特别光滑，因此游泳时受到的阻力很小。如果有海豚的皮肤，我就能在水里游得飞快，成为水下超级搜查兵。

在海里清扫水雷。

终于追上了，得赶紧拆除！

寻找海底沉船。

大丰收！

别怕！ 我来救你！

营救落水者。

海豚的小秘密
海豚最外层皮肤的细胞每两小时就会更新一次，这能让它的皮肤一直保持光滑，而且光滑有弹性的皮肤可以让它游得比潜艇还快。

海豚光滑的皮肤可真厉害！有了它，我就能在海洋里游得飞快啦！

不过——

皮肤太光滑了，连根头发都没有。

就算戴假发，也总是滑落。

用笔画的头发，一沾水就没了。

还不如不画！

而且出太阳时，光滑的头顶更是闪亮无比。

好刺眼！

海豚的皮肤虽然光滑，但也太"滑而不实"了，还是换其他的吧！

超级变变变——绵羊的皮肤

仔细想想，光滑的皮肤在冬天应该会很冷吧。如果我能有绵羊的皮肤，身上就能长满厚厚的毛发，冬天不用穿棉衣也会很暖和！

有这么厚的毛发，以后再也不怕冷了！

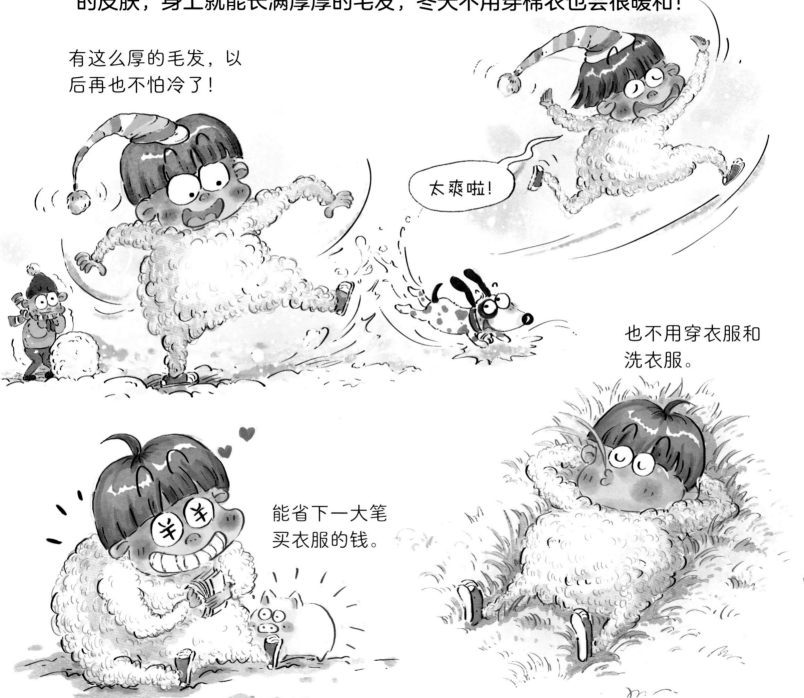

太爽啦！

也不用穿衣服和洗衣服。

能省下一大笔买衣服的钱。

不过——

身上的毛发实在太厚了！如果
不及时修剪，就会一直长——

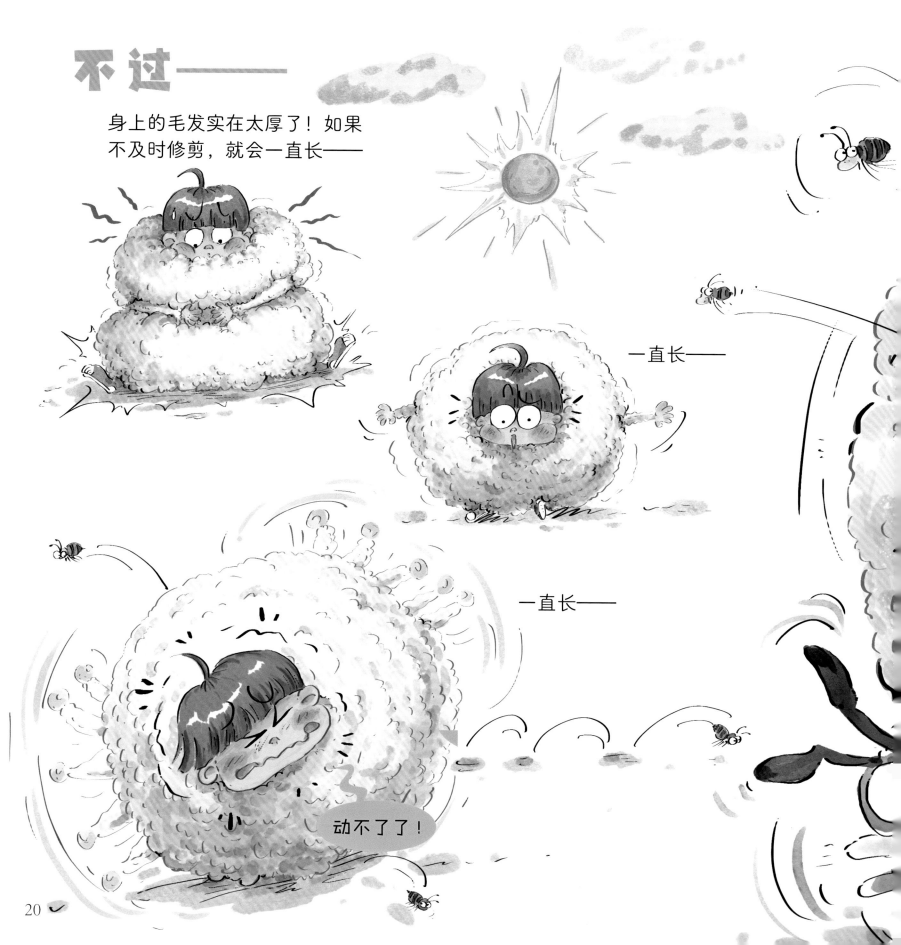

一直长——

一直长——

动不了了！

超级变变变——鼯鼠的皮肤

鼯鼠的皮肤没有绵羊那么多毛发，而且能像滑翔伞一样撑开。如果我有鼯鼠的皮肤，就可以自由滑翔啦！

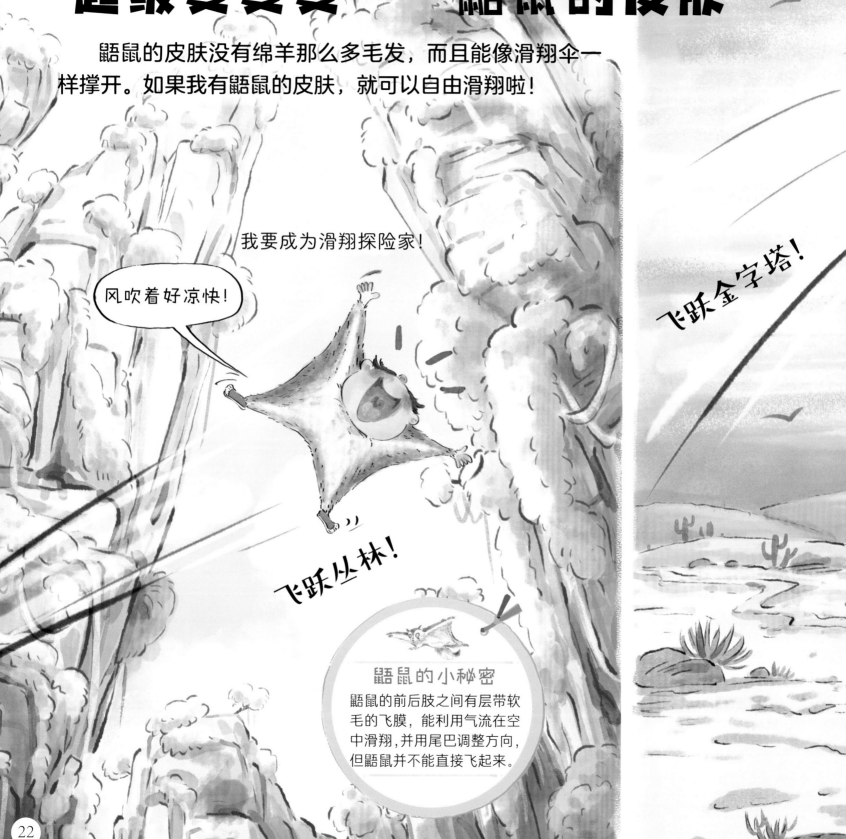

我要成为滑翔探险家！

风吹着好凉快！

飞跃金字塔！

飞跃丛林！

鼯鼠的小秘密
鼯鼠的前后肢之间有层带软毛的飞膜，能利用气流在空中滑翔，并用尾巴调整方向，但鼯鼠并不能直接飞起来。

不过——

滑翔时很难控制方向。

一不小心就撞上障碍物了。

降落时更是完蛋了。

怎么刹车啊！

看来鼯鼠的皮肤也不合适，
继续换其他的试试吧！

25

超级变变变——豪猪的皮肤

如果把皮肤上的毛发变硬点儿呢？豪猪背上的皮肤就有一层又长又硬的刺，这些刺还能脱落刺入敌人体内。我要是有豪猪的皮肤，一定会变得很强！

看刺！

豪猪的小秘密

小豪猪刚出生时全身的毛发都是软软的，但不久就会变硬。豪猪的刺很容易脱落，并长有倒钩，扎进其他动物体内很难拔出。

壮士饶命！

有了豪猪的皮肤，就再也不用担心会被欺负了！

不过——

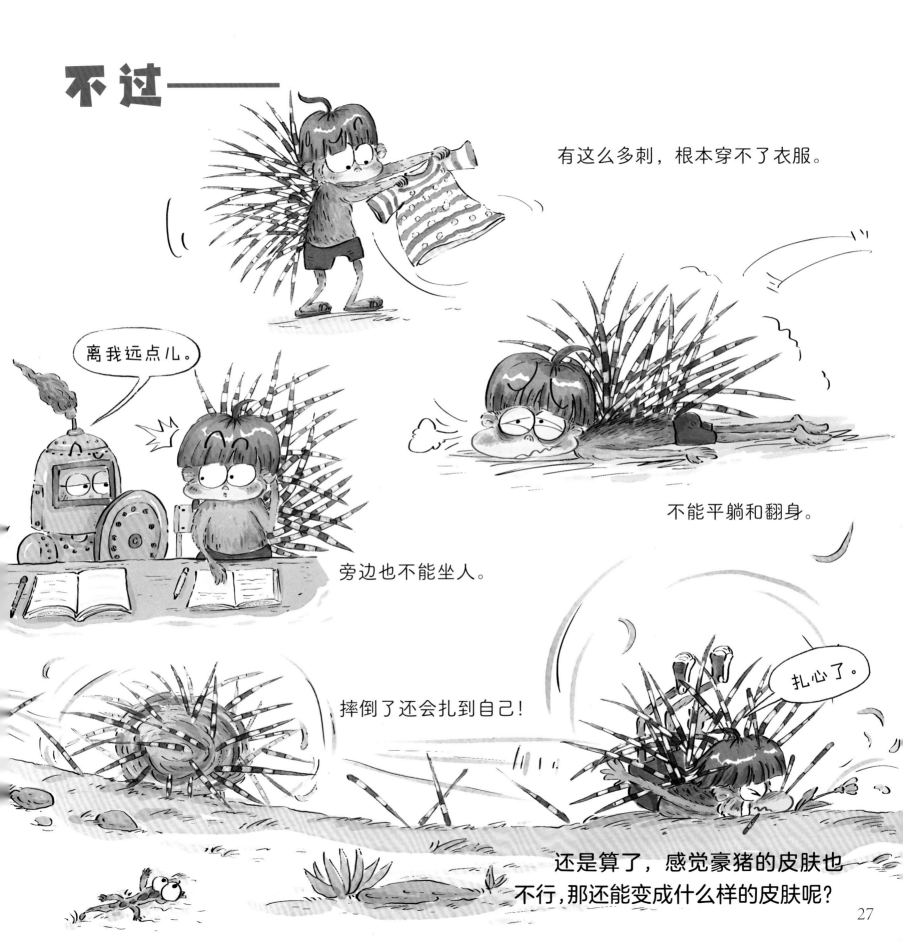

有这么多刺，根本穿不了衣服。

离我远点儿。

不能平躺和翻身。

旁边也不能坐人。

摔倒了还会扎到自己！

扎心了。

还是算了，感觉豪猪的皮肤也不行，那还能变成什么样的皮肤呢？

超级变变变——还有什么?

变袋鼠,皮肤上有个大口袋,出门装东西很方便。

不过,东西装多了很容易失去平衡。

变澳洲魔蜥,皮肤可以吸水,上面的刺还能防身。

不过,皮肤长刺实在太吓人了。

不过，变大后圆滚滚的，都走不了路了。

变河豚，遇到危险时皮肤能鼓起来，体型变大。

变北极狐，皮肤在不同的季节可以换上不同颜色的毛发。

不过，换毛期掉落的毛发会到处乱飞。

变了这么多的皮肤，好像都不是那么完美呢。

还是变回来吧！

动物的皮肤真是千奇百怪，不过换来换去，最后感觉还是人类的皮肤最完美！来看看我们原本的皮肤吧！

我们的皮肤防护强

我们的皮肤就像一副柔软的超级"盔甲"，保护着我们的身体。

皮肤既能阻挡外界的灰尘、细菌、病毒等有害物质入侵，

又能防止体内的水分、蛋白质等营养物质流失。

我们的皮肤有感觉

我们的皮肤可以感知外界的变化和刺激，并做出相应的反应。

寒冷　　　　　　　炎热　　　　　　　按压　　　　　　　疼痛

柔软　　　　　　　坚硬　　　　　　　光滑　　　　　　　粗糙

31

超级完美的皮肤

既然我们的皮肤如此完美，那皮肤到底是什么样的呢？

皮肤是人体最大的器官，可分为三层：

表皮 •————

真皮 •————

皮下组织 •————

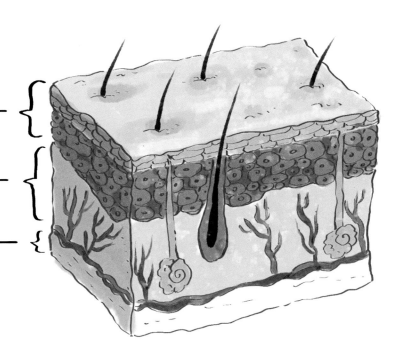

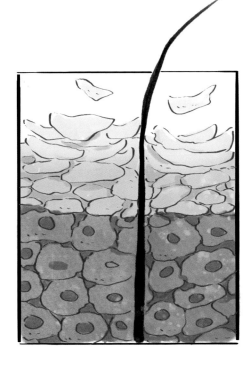

表皮是皮肤的最外层，表面由很多死细胞构成。死细胞每天都会脱落，同时不断生成新的细胞来顶替。每3到4周，表皮就会全部更新一遍。

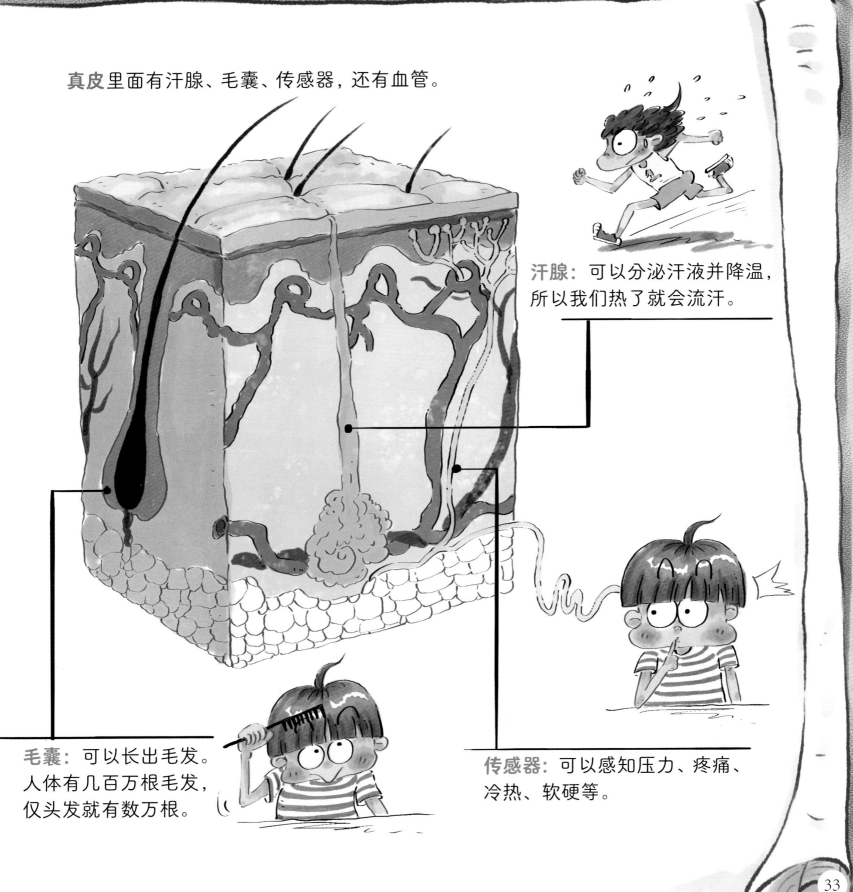

真皮里面有汗腺、毛囊、传感器，还有血管。

汗腺：可以分泌汗液并降温，所以我们热了就会流汗。

毛囊：可以长出毛发。人体有几百万根毛发，仅头发就有数万根。

传感器：可以感知压力、疼痛、冷热、软硬等。

护肤小贴士

虽然我们的皮肤很厉害，但如果不好好爱惜，皮肤的状态就可能变差，加速皮肤衰老哦。

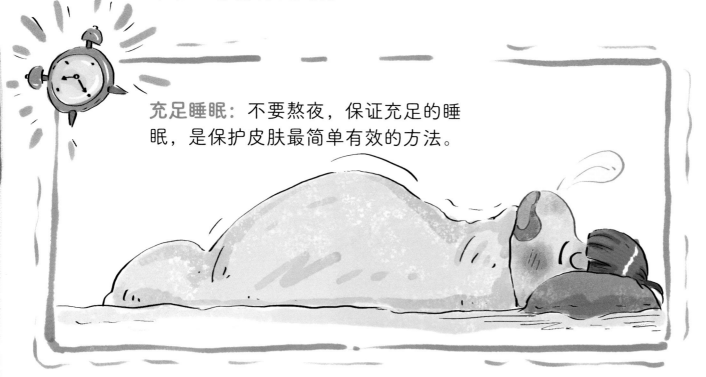

充足睡眠：不要熬夜，保证充足的睡眠，是保护皮肤最简单有效的方法。

清洁皮肤：空气中有许多灰尘和细菌，会附着在皮肤上，所以我们要及时清洁皮肤，避免毛孔堵塞或细菌感染。

健康饮食： 饮食要健康，多补充维生素、蛋白质等，皮肤状态就会更好啦！

避免暴晒： 在阳光下暴晒会加速皮肤老化，使皮肤变黑和变粗糙，所以出门要做好防晒措施。

补充水分： 如果缺水，皮肤就会又干又皱。所以我们要多喝水补充水分，保持皮肤湿润。

你不知道的皮肤

为什么我们的皮肤看着光溜溜的？

人类看着体毛很少，但其实皮肤上有将近 500 万个毛囊，体毛和黑猩猩等灵长类动物的毛发差不多茂密，只不过人类的体毛很短。那为什么人类会进化成这样？目前，科学界对于可能的原因只有一些猜测。

猜测一：散热说

更少的体毛能让汗液直接分泌到皮肤表面，不会和长毛发缠结在一起，更高效地散热，方便人类祖先在烈日下长时间打猎。

散热

汗液

猜测二：防虫说

寄生虫容易寄生在茂密的毛发中，而灵长类动物中只有古人类会固定居住在洞穴等封闭环境中，更容易造成寄生虫的群体传播。体毛变短则能降低被寄生虫寄生的风险。

为什么我们的皮肤会起鸡皮疙瘩？

我们每根汗毛下面都连着一块小肌肉——竖毛肌，也就是让毛竖立的肌肉。

汗毛

竖毛肌

猫、狗等哺乳动物受到惊吓时会"炸毛"，就是因为竖毛肌收缩，毛发跟着竖起来，以让自己显得更强大来吓退威胁者。

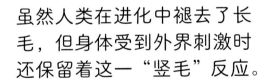

虽然人类在进化中褪去了长毛，但身体受到外界刺激时还保留着这一"竖毛"反应。

寒冷

惊吓

所以当竖毛肌收缩时，皮肤上就会出现一个个小隆起，也就是鸡皮疙瘩。

小游戏

你知道下面这些关于人类皮肤的问题，哪些答案是正确的吗？把它们圈出来吧！

1. 我们皮肤上每天都会掉下来的碎屑主要是什么？

A. 灰尘　　　　　　　　　B. 皮肤死细胞　　　　　　C. 虫子尸体

2. 我们的皮肤分为几层？

A. 一层　　　　　　　　　B. 两层　　　　　　　　　C. 三层

3. 下面哪个不是我们皮肤的功能？

A. 调节体温　　　　　　　B. 改变颜色　　　　　　　C. 阻挡有害物质

答案：1.B，2.C，3.B

你知道下面哪些行为是对皮肤好的吗？给它们打上"√"吧！

☐ 1. 每天喝够水

☐ 2. 熬夜打游戏

☐ 3. 出门戴帽子防晒

☐ 4. 一个月洗一次澡

☐ 5. 吃饭荤素搭配

☐ 6. 注意清洁皮肤

☐ 7. 多吃水果补充维生素

☐ 8. 顿顿吃火锅

☐ 9. 早睡早起

作者简介

段张取艺童书成立于 2017 年，是一家图文一体的童书原创研发公司，涉及领域包括幼儿启蒙、科普百科、学科、儿童文学等。

创作出版了原创图书 300 多本，主要作品有"逗逗镇的成语故事"系列、"古代人的一天"系列、"如诗如画的中国"系列、"神仙妖怪"系列、"文言文太容易啦"系列等，版权输出至英国、德国、法国、俄罗斯、乌克兰、韩国、越南、尼泊尔等多个国家，以及中国香港、中国台湾等地区。其中《皇帝的一天》入选"中国小学生分级阅读书目（2020 年版）"、入围 2020 年深圳读书月"年度十大童书"，《水哎》获 2022 年阿联酋沙迦国际插画展优秀作品奖，"神仙妖怪"系列图书获得香港教育城主办的"第 20 届十本好读"小学生最爱书籍第一名，《太空的一天·空间站生活的一天》获 2023 年冰心儿童图书奖图画书奖。

出 品 人：段颖婷

创意策划：张卓明

文字编创：黄易柳

插图绘制：郭汝荣

身体
变变变！

假如我有蜘蛛的眼睛

段张取艺 著/绘

电子工业出版社·
Publishing House of Electronics Industry
北京·BEIJING

图书在版编目（CIP）数据

身体变变变！. 假如我有蜘蛛的眼睛 / 段张取艺著
、绘. -- 北京：电子工业出版社, 2024. 7. -- ISBN
978-7-121-48241-0

Ⅰ. Q95-49

中国国家版本馆CIP数据核字第202481FP38号

责任编辑：王　丹
印　　　刷：北京缤索印刷有限公司
装　　　订：北京缤索印刷有限公司
出版发行：电子工业出版社
　　　　　北京市海淀区万寿路 173 信箱　邮编：100036
开　　本：787×1092　1/12　印张：23.5　字数：238 千字
版　　次：2024 年 7 月第 1 版
印　　次：2024 年 7 月第 1 次印刷
定　　价：168.00 元 (全 7 册)

凡所购买电子工业出版社图书有缺损问题，请向购买书店调换。若书店售缺，请与本社发行部
联系，联系及邮购电话：(010) 88254888 或 88258888。
质量投诉请发邮件至 zlts@phei.com.cn，盗版侵权举报请发邮件至 dbqq@phei.com.cn。
本书咨询联系方式：(010) 88254161 转 1823，wangd@phei.com.cn。

什么样的身体才是超级完美的?

你是不是羡慕过动物们的眼睛?
总觉得它们的眼睛比我们的厉害,

能看得更远、看得更广、看得更清楚,

能看到我们看不到的颜色,
在漆黑的夜晚也能看见周围的东西,
又或者在水下也能看清楚一切……
这么看来我们的眼睛真的很普通!
要是我们能拥有动物们的眼睛那该多好呀!

幸运的是, 你打开了这本书!

跟我一起去寻找超级完美
的眼睛吧!

超级变变变——鹰的眼睛

如果我有鹰的眼睛，那我的视力一定会非常好！能看清很远的地方，这样就能拥有"千里眼"了。

看球赛时，即便坐得很远也能看清赛场上的情况。

这你都能看到？

5号犯规了！

在上千米的高空也能看清地面上的东西。

用来找人轻轻松松。

发现目标!

鹰的小秘密
鹰在几千米的高空也能看清楚地面上的田鼠、蛇等动物,而且鹰的眼睛比它们的大脑还要大和重。

能看到平时看不见的花纹。

还有这样的蘑菇？

紫外线下的尿液居然会发光！

还能看到动物们留下的痕迹。

鹰的眼睛不仅看东西超级清晰，还能看到更多的颜色，真是太完美了！

不过——

鹰的眼睛不能随意转动，只能通过转动头部来看东西。

走神开小差会很明显。

看个书得一直左右摇头。

看的范围再大一点儿，就得不停地动来动去。

左右看。

前后看。

上下看。

不行，抽筋了！

鹰的眼睛不能转动也太不方便了，
看来这不是完美的眼睛，换下一个吧！

超级变变变——鱼的眼睛

要不去水里找找？鱼的眼睛能看到的视角很大！而且在水里也能看得很清楚。有了鱼的眼睛，就能尽情探索水下世界了！

不用戴泳镜也能看清水下的世界。

原来海星的眼睛都长在角上。

感觉像在海洋球里玩一样！

鱼的小秘密

所有的鱼都是近视眼，而且看到的世界是球形的。鱼眼没有眼睑和泪腺，所以不会闭眼和流泪。

因为没有眼睑不会闭眼，玩"不眨眼"比赛总能夺得冠军。

还能创造"不眨眼时间最长"吉尼斯世界纪录。

这么看来，变成鱼的眼睛还挺不错的，要不就选它吧？

不过——

鱼眼看到的世界都是球形的，根本没办法走直线。

打羽毛球时永远接不到球。

贴东西时总是贴歪。

写出来的字也是歪歪扭扭的。

眼睛还是高度近视。

爷爷好。

而且不在水里的话，时间一长眼睛就会很干。

没有眼皮，睡觉也只能睁着眼睛。

这怎么睡得着啊！

不行，还是不要鱼的眼睛了，再换！

超级变变变——跳蛛的眼睛

如果把眼睛变多点儿呢？跳蛛有八只眼睛，几乎能看到所有方向的东西。如果我有蜘蛛的眼睛，就能实现"眼观八路"了。

后面的眼睛能看到后脑勺，可以自己给自己剪头发。

八只眼睛能同时看多个屏幕，玩游戏超级爽！

不过——

眼睛太多，经常无法集中注意力。

啥也没看进去！

而且，在眼睛上花的钱也变多了。

看眼科医生的钱翻倍。

买眼药水的钱翻倍。

就连买眼镜也要翻倍。

近视眼镜，

墨镜，

游泳眼镜，

各种眼镜……

钱包都要被掏空了！

跳蛛的八只眼睛也太费钱了！不行，还得再换！

超级变变变——苍蝇的眼睛

如果能把多只眼睛合在一起就好了，就像苍蝇的两只眼睛上还有很多小眼睛，这样看整个世界都像在播放慢动作。如果我有苍蝇的眼睛，反应一定超快！

变身"苍蝇侠"，趁大家没反应过来，做很多好玩的事情。

拿走大叔的假发。

嘿嘿，帮你做个新造型！

给路人画上胡子。

苍蝇的小秘密

苍蝇的复眼由 3000 多只小眼睛组成，识别物体移动的速度是人类的 10 倍，电影对它们来说就是一张张照片在切换。

不过——

在我眼中，大家的动作都变得超级慢，一句话要等很久。

21

超级变变变——猫的眼睛

还是换回两只眼睛吧，试试猫的怎么样？猫有一双神奇的"夜视眼"，夜晚也能看得很清楚。如果我有猫的眼睛，就再也不会怕黑了！

变身夜行侠！夜晚再黑也能看得清。

我的夜视能力可是人眼的六倍哦！

眼睛在黑暗中还能"发光"。

猫的小秘密

猫的眼睛里有一层特别的反光膜，在微弱的光线下能反射一部分光，看起来就像在黑夜中发光一样。

不过——

猫是色盲，只能看到浅浅的蓝色和绿色，
可以说猫眼中的世界几乎是黑白的。

现在是红灯
还是绿灯？

过马路时分不清
信号灯的颜色。

这是啥颜色？

穿衣服时分不清
衣服的颜色。

不是说表演要穿
灰色衣服吗？

吃东西时分不清
食物的颜色。

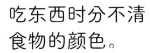

加点儿蛋黄酱。

怎么是辣椒！

先倒红色，
再倒蓝色。

做实验时也分不清
材料的颜色。

砰！

砰！

砰！

砰！

看来猫的眼睛也不够完美！
不行，还是得换其他的眼睛。

超级变变变——螃蟹的眼睛

试了好几种眼睛都不行，干脆换个特别点儿的。螃蟹的眼睛能够自由伸缩，而且还有再生功能！如果我有螃蟹的眼睛，绝对很独特！

被人群挡住时，可以伸长眼睛来看。

螃蟹的小秘密

螃蟹如果弄坏了一只眼睛，很快又能长出一只新的，但要是眼球和眼柄全损坏了，新长出的就不是眼睛而是触角了。

眼睛不小心受伤了，可以再长只新的出来。

螃蟹的眼睛果然很神奇，那就变它的眼睛吧！

不过——

眼睛完全露在外面的话，很容易沾灰尘。

天黑了？

也很容易被遮住。

还很容易受伤。

好痛！眼睛被绳子打到了！

好吧，螃蟹的眼睛也不怎么适合我。那么还有什么眼睛可以变呢？

超级变变变——还有什么？

变成羊的眼睛，拥有全景视野，不用转头几乎就能看到一切。

不过，羊也是色盲。

变成变色龙的眼睛，能同时看到前方和后方的东西。

不过，脑子很难同时兼顾前后。

变成青蛙的眼睛，能追踪
飞来飞去的蚊子。

不过，只能看到移动的物体，
看不清静止的物体。

变成大王鱿鱼，拥有世界上最大
的眼睛，还能在黑暗中发光。

不过，大眼睛更容易受伤。

换来换去，感觉这些眼睛都
不太适合我呢！

还是变回来吧！

虽然动物们的眼睛各有厉害之处，但用起来总感觉不太合适，还是换回我们自己的眼睛看看吧！

我们的眼睛会辨色

自然界中的很多动物都是色盲，而人眼不仅能看到正常的颜色，辨色能力还很强，最多能分辨 1000 万种颜色。

我们的眼睛适应性强

人眼还能够适应不同明暗的环境。

既能在很强的光线下穿针引线。

也能在很弱的光线中
找到掉在暗处的钥匙。

我们的眼睛会说话

人类可以用眼睛与同伴交流，许多情感都能通过眼睛传达。

好奇　　　　　　无语　　　　　　喜欢　　　　　　嫌弃

超级完美的眼睛

接下来，就来看看我们的眼睛为什么这么完美，又是怎么让我们清晰地看到这个世界的吧！

超级照相机——眼睛

我们的眼睛主要包括瞳孔、晶状体、视网膜三个部分，就像一台超级照相机。

瞳孔相当于光圈，能通过放大或缩小控制不同数量的光进入。

瞳孔

晶状体相当于可伸缩的镜头，负责聚集光线，看远处时会变薄，看近处时则会变厚。

晶状体

视网膜

视网膜就像相机的胶卷，在感受到光线后将其形成图像。

眼睛是怎么看到物体的?

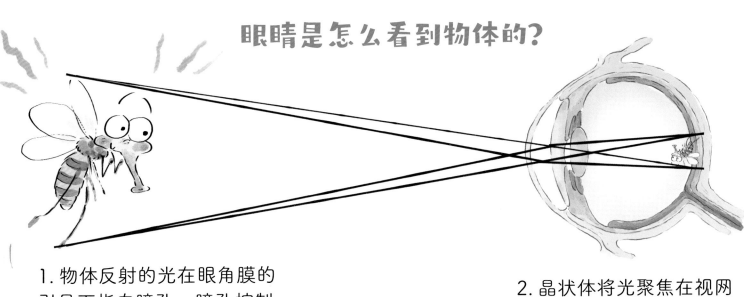

1. 物体反射的光在眼角膜的引导下指向瞳孔。瞳孔控制光线穿过,到达晶状体。

2. 晶状体将光聚焦在视网膜上。视网膜接收到光后,形成倒立的图像信号。

3. 视神经把视网膜形成的图像信号传给大脑,转化成正常的图像,我们就看到了物体。

护眼小贴士

眼睛是我们观察世界的窗口，所以我们要好好保护自己的眼睛。

需要注意——

不要长时间看
电子屏幕。

不要躺着或趴着看
书，以免造成近视。

不要看字太小
或模糊的读物，
以免用眼疲劳。

不要用手揉眼睛，
也不要乱滴眼药水。

我们可以——

连续用眼 40 分钟左右
就让眼睛休息一下。

健康饮食，多吃
新鲜蔬菜和水果，
补充维生素。

多去户外运动，增强
体质，放松眼睛。

在光线好的环境
下阅读和写作业。

你不知道的眼睛

其实，我们的眼睛并不是一开始就存在的，而是我们的祖先经过一代代的努力进化，才有了今天的样子。

我们的眼睛并不是生来就有的

眼睛诞生之前，生物什么也看不见，只能借助感光细胞来感受光线的明暗。例如草履虫会朝着有光的地方移动。

后来，生物把感光细胞聚集起来，形成了一个眼点，例如眼虫身上的红色斑点。这样最早的"眼睛"就诞生了，生物对光线的感知能力也变得更强了。

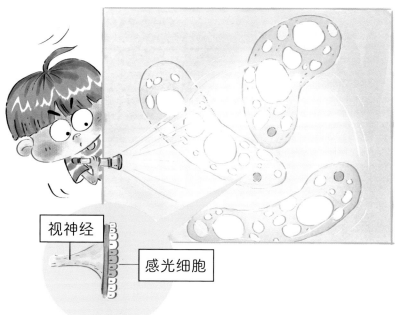

视神经
感光细胞

继续进化后，涡虫等生物又在眼点的位置生成了一个凹陷，这样既能保护感光细胞不暴露在外，又能进一步判断光线进来的方向。

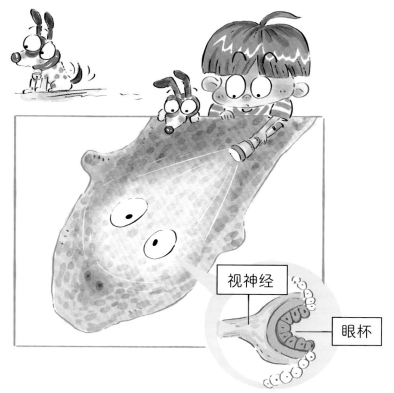

视神经
眼杯

随着凹陷越来越大，像菊石这样的生物又给凹陷开了个小孔，让光能透进来形成图像。今天，在菊石的近亲鹦鹉螺上还能看到这种眼睛结构。

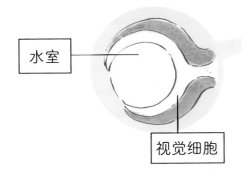

水室

视觉细胞

在又一轮漫长的进化中，邓氏鱼等生物为防止凹陷里进脏东西，又进化出了一层填充物，即后来的晶状体。有了晶状体，世界在生物眼中也变得越来越清晰了。

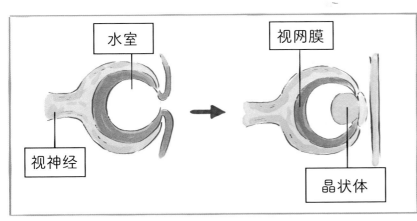

水室

视网膜

视神经

晶状体

之后，脊椎动物的眼睛在早期鱼类的基础上继续演化。后来，人类也逐渐演化出了如今的眼睛。

角膜

虹膜

视神经

晶状体

小游戏

试试看，你能把下面这些功能和对应的眼睛部位连在一起吗？

1. 引导光线

A. 瞳孔

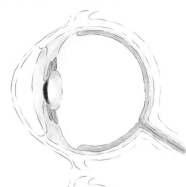

2. 接收光信号
形成图像

B. 晶状体

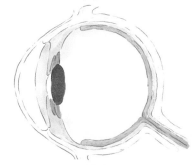

3. 控制进光量

C. 视网膜

4. 聚集光线

D. 眼角膜

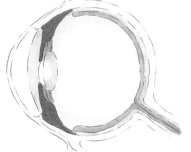

下面这些关于眼睛的行为，你知道哪些是可以做的，哪些是不可以做的吗？给它们分别打上"√"和"×"吧！

☐ 1. 躺在床上看书

☐ 2. 用眼一段时间后休息一下

☐ 3. 在明亮的环境中写作业

☐ 4. 关灯玩手机

☐ 5. 在路灯下看书

☐ 6. 多参加户外运动

☐ 7. 用手揉眼睛

☐ 8. 玩一整天电脑

☐ 9. 多吃蔬菜水果

答案：× √ √ × × √ × × √

作者简介

段张取艺童书成立于 2017 年，是一家图文一体的童书原创研发公司，涉及领域包括幼儿启蒙、科普百科、学科、儿童文学等。

创作出版了原创图书 300 多本，主要作品有"逗逗镇的成语故事"系列、"古代人的一天"系列、"如诗如画的中国"系列、"神仙妖怪"系列、"文言文太容易啦"系列等，版权输出至英国、德国、法国、俄罗斯、乌克兰、韩国、越南、尼泊尔等多个国家，以及中国香港、中国台湾等地区。其中《皇帝的一天》入选"中国小学生分级阅读书目（2020 年版）"、入围 2020 年深圳读书月"年度十大童书"，《水哎》获 2022 年阿联酋沙迦国际插画展优秀作品奖，"神仙妖怪"系列图书获得香港教育城主办的"第 20 届十本好读"小学生最爱书籍第一名，《太空的一天·空间站生活的一天》获 2023 年冰心儿童图书奖图画书奖。

出 品 人：段颖婷

创意策划：张卓明

文字编创：黄易柳

插图绘制：郭汝荣

假如我有鲨鱼的嘴巴

段张取艺 著/绘

电子工业出版社·

Publishing House of Electronics Industry

北京·BEIJING

图书在版编目（CIP）数据

身体变变变！. 假如我有鲨鱼的嘴巴 / 段张取艺著

、绘. -- 北京 : 电子工业出版社, 2024. 7. -- ISBN

978-7-121-48241-0

Ⅰ. Q95-49

中国国家版本馆CIP数据核字第20246NQ328号

责任编辑：王　丹

印　　刷：北京缤索印刷有限公司

装　　订：北京缤索印刷有限公司

出版发行：电子工业出版社

　　　　　北京市海淀区万寿路 173 信箱　邮编：100036

开　　本：787×1092　1/12　印张：23.5　字数：238 千字

版　　次：2024 年 7 月第 1 版

印　　次：2024 年 7 月第 1 次印刷

定　　价：168.00 元（全 7 册）

凡所购买电子工业出版社图书有缺损问题，请向购买书店调换。若书店售缺，请与本社发行部联系，联系及邮购电话：(010) 88254888 或 88258888。

质量投诉请发邮件至 zlts@phei.com.cn，盗版侵权举报请发邮件至 dbqq@phei.com.cn。

本书咨询联系方式：(010) 88254161 转 1823，wangd@phei.com.cn。

什么样的身体才是超级完美的?

你是不是羡慕过动物们的嘴巴?

总觉得它们的嘴巴比我们的厉害,

能吃得更多、吃得更快、咬合力更强,

能咬碎坚硬的外壳,

装下超多的食物,

还能喷水变成武器……

这么看来我们的嘴巴真的很普通!

要是我们能拥有动物们的嘴巴那该多好呀!

幸运的是,你打开了这本书!

跟我一起去寻找超级完美
的嘴巴吧!

超级变变变——鲨鱼的嘴巴

如果我有鲨鱼那样长满锋利尖牙的嘴巴，
就能变身海洋霸主啦！

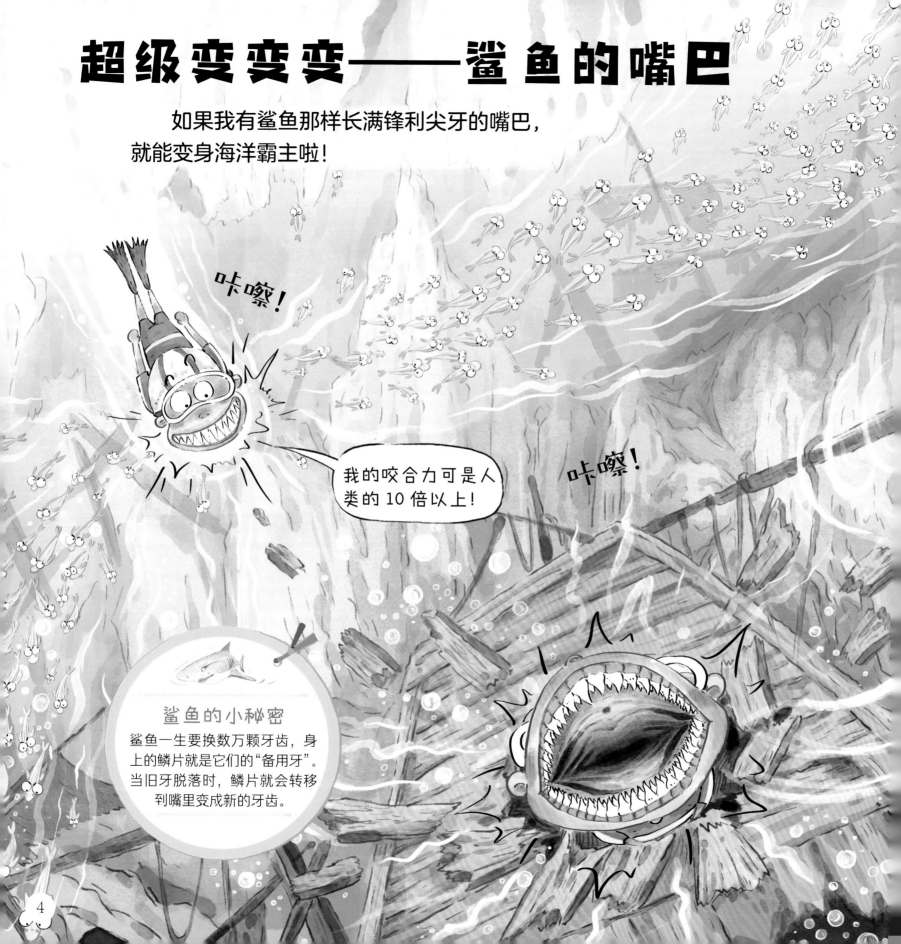

咔嚓！

我的咬合力可是人
类的 10 倍以上！

咔嚓！

鲨鱼的小秘密

鲨鱼一生要换数万颗牙齿，身
上的鳞片就是它们的"备用牙"。
当旧牙脱落时，鳞片就会转移
到嘴里变成新的牙齿。

不过——

鲨鱼有这么多颗牙齿，刷牙超级费时间！

到第 3000 颗了！

都放学了，你怎么还在刷牙呀？

不刷牙的话，牙齿又会变得很脏。

真是塞了"亿"点儿东西啊。

我牙缝里好像塞了一点儿东西。

不行不行，看来这并不是我想要的完美嘴巴，还是看下其他的嘴巴吧！

7

超级变变变——啄木鸟的嘴巴

牙齿太多好麻烦，换个没有牙齿的嘴巴试试呢？就像啄木鸟那样又尖又硬还没有牙齿的，轻轻松松就能啄穿大树！

没有牙齿，再也不用刷牙了，还能省好多牙膏。

不用刷牙的感觉可真好！

咚咚咚！

啄木鸟的小秘密

啄木鸟的嘴长而尖，一生啄木的次数超过 5 千万次。啄木鸟的舌头长达 14 厘米，上面的黏液能将树里的小虫子粘住。

再也不怕长虫牙或牙缝里卡东西了。

还能用嘴巴给自己
啄出一间小木屋。

有人吗？

咚咚咚！

咚咚咚！

光靠不停地啄木头，就能变出好多
东西来，这样的嘴巴也太棒了！

不过——

嘴巴实在太尖了！

挤公交车会戳到人。

谁戳我？

跳舞也会戳到人。

好痛！

和朋友玩的时候更是会戳个不停。

你这样，我们还怎么玩啊！

我新买的球！

我不是故意的……

算了算了，还是再去找找看有没有其他更好的嘴巴吧！

超级变变变——鳄鱼的嘴巴

还是换个不那么尖硬的嘴巴吧，鳄鱼的嘴巴又长又宽，
还有两排"强壮"的牙齿，看着好像还不错。

跑步比赛中能靠长嘴巴
更早冲过终点。

游泳比赛也能靠长嘴巴赢得第一名。

把东西都挂在长长的嘴巴上，还能解放双手。

就是不太好开口说话。

鳄鱼的小秘密

鳄鱼的嘴巴不仅长，咬合力比狮子还要大3倍，能一口把猪头咬碎。不过鳄鱼的牙齿并不锋利，只能夹住食物生吞下去。

没想到长长的鳄鱼嘴巴用处这么多，这就是完美的嘴巴了吧？

不过——

长嘴巴一不小心就很尴尬！

打招呼时会亲到别人。

你听我解释！

没办法和别人拥抱。

跑接力赛时无法
传递接力棒。

14

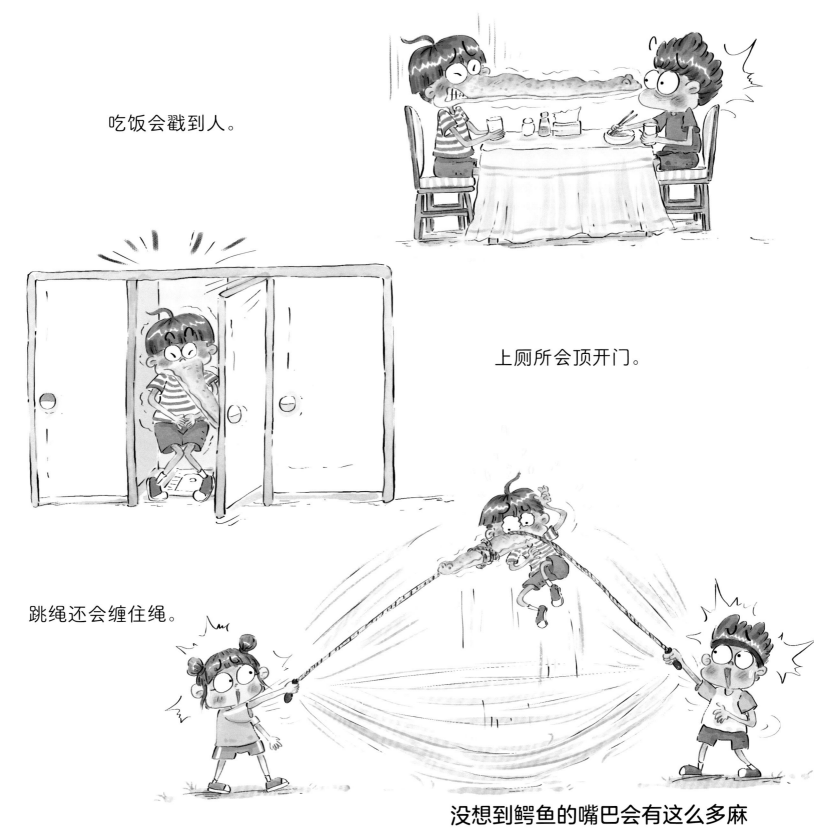

吃饭会戳到人。

上厕所会顶开门。

跳绳还会缠住绳。

没想到鳄鱼的嘴巴会有这么多麻烦，不行，还是继续换下一个吧！

超级变变变——河马的嘴巴

长嘴巴不行，那宽嘴巴呢？就像河马那样的超级大嘴巴，不管什么好吃的，都能一口吞下！

河马嘴大，
吃遍天下！

河马的小秘密

河马是陆地上嘴巴最大的动物，牙齿比人的拳头还大。成年河马张开嘴巴时，嘴里站一个小朋友都绰绰有余。

吸溜

一口一个大西瓜！

拥有了河马的大嘴，我们就能畅快地大口吃好多好吃的，简直太幸福了！

而且，大嘴巴实在是太丑了，总是被人嘲笑。

想靠化妆遮丑，结果化了更丑！

口罩遮不住。

帽子挡不住。

用衣服遮也不行。

这样的嘴巴一点儿也不好！这不是我
想要的完美嘴巴，还是再去看看别的吧！

超级变变变——射水鱼的嘴巴

射水鱼的嘴巴没有河马的那么大，而且可以喷出水柱，就像自带"水枪"一样，看着就很好玩。

可以发射出"水弹"来击倒坏人。

射水鱼的小秘密

射水鱼的嘴里有两条小沟，能射出1.5米多远的水柱，并且2米内百发百中。如果将其放大，发射水柱的威力堪比高射炮。

哪里逃！

不过——

射水鱼的嘴巴只能一开一合的，根本说不了话。

被老师提问时说不出话。

这道题你来回答！

阿巴……

被人误会也没办法解释。

小偷就是他！

阿巴阿巴！

好吧，看来喷水鱼的嘴巴也不行，
还是再找找其他的吧！

超级变变变——仓鼠的嘴巴

既然这么多嘴巴都不行，那干脆变个可爱一点儿的嘴巴吧。仓鼠的嘴巴小小的，把吃的塞进去后鼓起来超可爱，肯定很受欢迎！

凭借可爱的嘴巴大受欢迎！

好可爱啊！

好喜欢！

仓鼠的小秘密
仓鼠的嘴巴两侧各有一个囊袋，能用来囤积食物。仓鼠游泳时还能用空气鼓起囊袋，像戴了一个游泳圈一样。

像仓鼠这么可爱的嘴巴，大家都很喜欢！这下是完美的嘴巴了吧！

不过——

嘴巴实在太小了！吃东西很容易被卡住。

食物在嘴里放久了，那个味道可不怎么好闻。

嘴巴太小真是受罪，还是再看看有没有其他的嘴巴可以变吧！

超级变变变——还有什么?

变成剑鱼的嘴巴,
成为击剑高手!

不过,用嘴巴击剑
也太痛了!

变成鹈鹕的嘴巴,
自带超大袋子。

不过,东西放在嘴巴里
一点儿也不卫生。

吃不完我就
兜着走。

变成毒蛇的嘴巴，
能喷出毒液来。

不过咬到自己的
舌头就完蛋了。

变成海象的嘴巴，
可以用长牙当拐杖。

不过，这么长的牙齿，
说话都说不清楚。

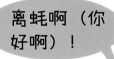

离蚝啊（你
好啊）！

看来，这些嘴巴都不能完美适配我们！

还是变回来吧！

动物们的嘴巴确实有着各种神奇的地方，但也造成了很多麻烦，还是换回我们自己的嘴巴最完美！

我们的嘴巴很能吃

我们的嘴巴虽然不大，但能品尝各种食物。

肉类

蔬菜

主食

饮料

闭上嘴巴还能防止食物掉出来。

我们的嘴巴能说话

除了吃东西，我们的嘴巴还能说话。这一点在自然界中只有人类可以做到！

聊天

问路

回答问题

买东西

吵架

表达感谢

超级完美的嘴巴

不过，我们的嘴巴这么完美，究竟是怎么做到的呢？

柔软的嘴唇可以帮助我们做出各种表情，不用说话也能表达情绪。

开心

难过

生气

惊讶

害怕

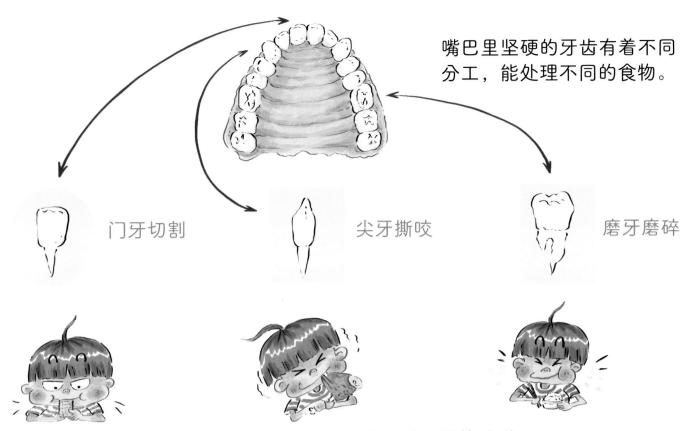

嘴巴里坚硬的牙齿有着不同分工，能处理不同的食物。

门牙切割　　尖牙撕咬　　磨牙磨碎

嘴巴里的舌头能尝出酸、甜、苦、咸、鲜等味道，还能靠灵活的肌肉，与嘴唇和牙齿配合发出声音。

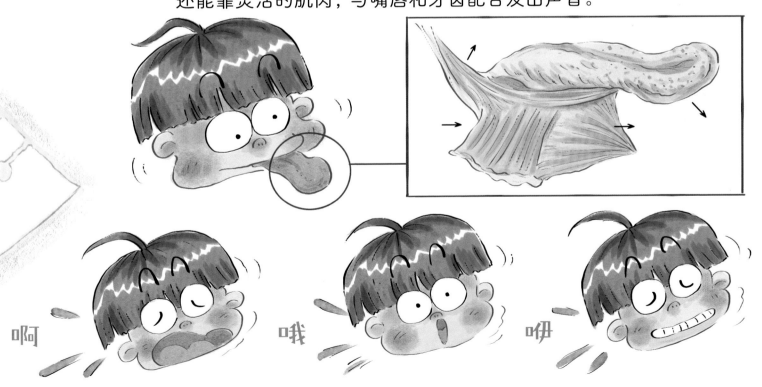

啊　　哦　　咿

护嘴小贴士

我们的嘴巴虽然很厉害，但如果平时不注意保护，也会造成很多麻烦，所以还是要好好爱护才行哦。

做口部操锻炼嘴部肌肉，让说话更清晰有力。

每天按时刷牙，保持口腔卫生。

天气干燥时涂唇膏，防止嘴唇干裂。

还要注意——

不把脏东西放进嘴巴里，
小心会生病。

不撕嘴唇上的死皮，
小心会流血。

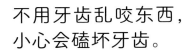

不用牙齿乱咬东西，
小心会磕坏牙齿。

吃饭不狼吞虎咽，
小心会咬到舌头。

只有好好地爱护我们超级完美的嘴巴，
才能更好地享受美食与生活呀！

你不知道的嘴巴

我们嘴里的牙齿曾经是鱼鳞？

科学研究表明，我们祖先的牙齿可能是由原始鱼类嘴巴周围的鳞片演化而来的。

科学家们发现 4.09 亿年前的棘胸鱼与现代人的牙齿模式惊人地相似，牙齿都附着在骨头上。

随着研究的深入，有人提出了"由外向内"假说：原始鱼类嘴巴周围的齿状鳞片逐渐转移到嘴巴中，最后演变成脊椎动物的牙齿。

就像鲨鱼一样，棘胸鱼的皮肤上布满结构与牙齿相同的粗糙鳞片。也就是说，鲨鱼其实"浑身是牙"。

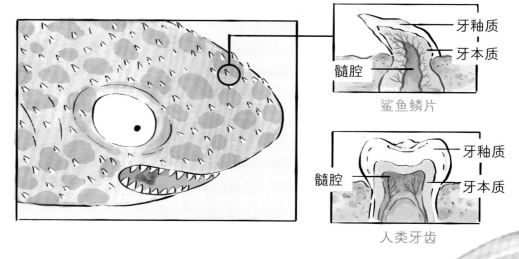

牙釉质
牙本质
髓腔
鲨鱼鳞片

牙釉质
牙本质
髓腔
人类牙齿

为什么我们只换一次牙？

为什么我们一生只换一次牙，而不像鲨鱼一样能换很多次牙呢？

古人的食物多是野菜、水果和简单处理的肉，含糖量低，更不容易得虫牙，所以牙齿很耐用。

而且数千年前古人的平均寿命也就三四十岁，换一次牙就足够用一辈子了，没必要消耗大量能量换很多次牙。

但现代人的食物更加精细，寿命也大幅延长，所以会感觉牙齿不够用。不过只要好好爱护牙齿，我们的牙齿还是够用到老的！

小游戏

你知道下面这些关于嘴巴的问题中，哪些答案是正确的吗？

1. 我们的嘴唇有什么用？（多选）

A. 包住食物不让其
掉出来

B. 做出不同的发声口型

C. 帮助我们做出
不同的表情

2. 我们的嘴巴用什么牙齿来撕咬？

A. 门牙

B. 尖牙

C. 磨牙

3. 下面哪个不是我们舌头的功能？

A. 咀嚼食物

B. 配合发声

C. 尝味道

答案：1.ABC，2.B，3.A

你知道下面这些关于嘴巴的行为，哪些是可取的吗？给它们打上"√"吧！

☐ 1. 用牙齿咬桌子

☐ 2. 撕嘴唇上的皮

☐ 3. 早晚刷牙

☐ 4. 秋天涂唇膏

☐ 5. 直接吃很烫的食物

☐ 6. 吃饭细嚼慢咽

☐ 7. 吃完东西嗦手指

☐ 8. 用舌头舔不干净的东西

☐ 9. 做口部操锻炼

作者简介

段张取艺童书成立于 2017 年，是一家图文一体的童书原创研发公司，涉及领域包括幼儿启蒙、科普百科、学科、儿童文学等。

创作出版了原创图书 300 多本，主要作品有"逗逗镇的成语故事"系列、"古代人的一天"系列、"如诗如画的中国"系列、"神仙妖怪"系列、"文言文太容易啦"系列等，版权输出至英国、德国、法国、俄罗斯、乌克兰、韩国、越南、尼泊尔等多个国家，以及中国香港、中国台湾等地区。其中《皇帝的一天》入选"中国小学生分级阅读书目（2020 年版）"、入围 2020 年深圳读书月"年度十大童书"，《水哎》获 2022 年阿联酋沙迦国际插画展优秀作品奖，"神仙妖怪"系列图书获得香港教育城主办的"第 20 届十本好读"小学生最爱书籍第一名，《太空的一天·空间站生活的一天》获 2023 年冰心儿童图书奖图画书奖。

出 品 人：段颖婷

创意策划：张卓明

文字编创：黄易柳

插图绘制：郭汝荣

身体变变变！

假如我有大雁的翅膀

段张取艺 著/绘

电子工业出版社
Publishing House of Electronics Industry
北京·BEIJING

图书在版编目（CIP）数据

身体变变变！．假如我有大雁的翅膀 / 段张取艺著

、绘 . -- 北京：电子工业出版社, 2024. 7. -- ISBN

978-7-121-48241-0

Ⅰ . Q95-49

中国国家版本馆CIP数据核字第2024MY7302号

责任编辑：王　丹

印　　　刷：北京缤索印刷有限公司

装　　　订：北京缤索印刷有限公司

出版发行：电子工业出版社

　　　　　　北京市海淀区万寿路 173 信箱　　邮编：100036

开　　　本：787×1092　1/12　　印张：23.5　　字数：238 千字

版　　　次：2024 年 7 月第 1 版

印　　　次：2024 年 7 月第 1 次印刷

定　　　价：168.00 元（全 7 册）

凡所购买电子工业出版社图书有缺损问题，请向购买书店调换。若书店售缺，请与本社发行部

联系，联系及邮购电话：(010) 88254888 或 88258888。

质量投诉请发邮件至 zlts@phei.com.cn，盗版侵权举报请发邮件至 dbqq@phei.com.cn。

本书咨询联系方式：(010) 88254161 转 1823，wangd@phei.com.cn。

什么样的身体才是
超级完美的?

你是不是羡慕过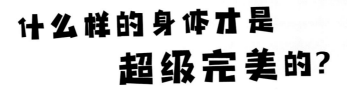动物们的四肢?
总觉得它们的四肢比我们的强壮,

能飞得更高、跑得更快、游得更远,

飞到我们到不了的天空,
钻入我们进不去的地下,
潜到我们游不到的深海……
这么看来我们的四肢真的很普通!
要是我们能拥有动物们的四肢那该多好呀!

幸运的是, 你打开了这本书!

跟我一起去寻找超级完美
的四肢吧!

超级变变变——大雁的翅膀

如果我有大雁那样能飞得又高又远的翅膀，就可以在天上自由地飞翔，想去哪儿就去哪儿！

真的飞起来啦！

在天上完全不用担心堵车！

再飞高一点儿！飞到东方明珠塔顶上瞧瞧。

4

大雁的小秘密

大雁群列队飞行时，前面的"头雁"扇动翅膀会产生一股上升气流，后面的大雁就可以利用这股气流飞得更快、更省力。

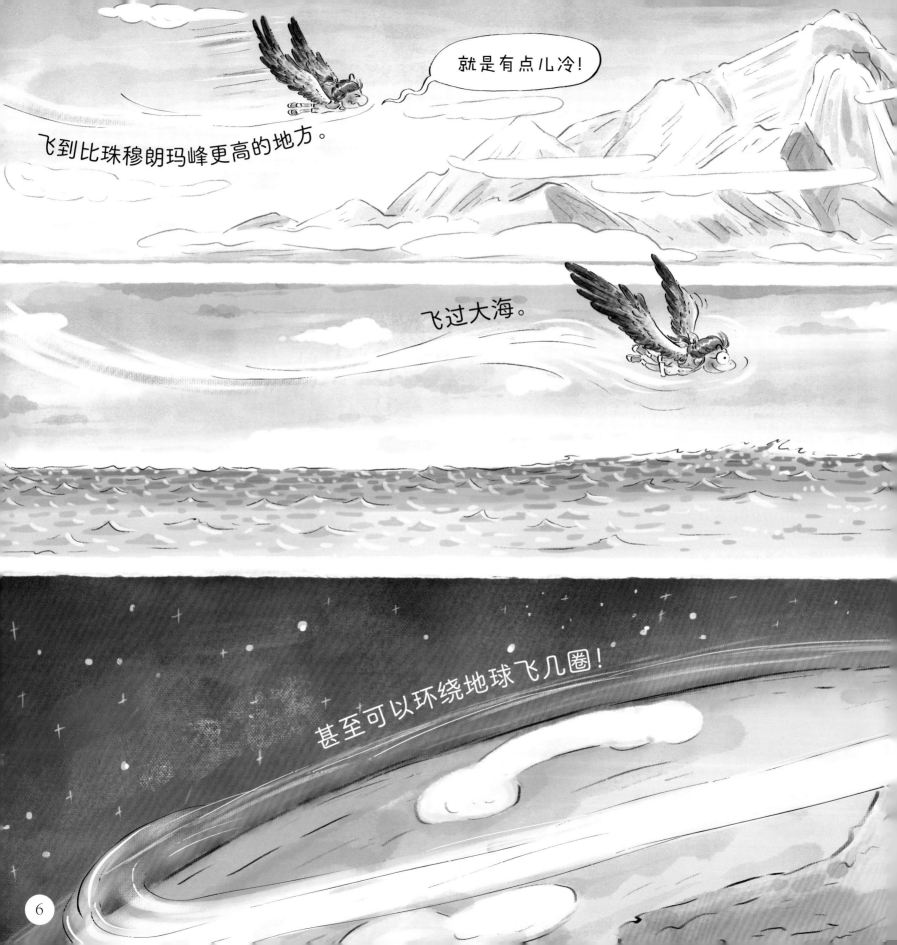

不过——

走路很容易拖地，总是把翅膀弄得脏脏的。

还老被别人踩掉羽毛。

啊——

完蛋了！

一不留神就会撞到东西！

8

夏天被别人当扇子用。

冬天烤火又容易出问题……

怎么有股煳味？

吃饭完全拿不了筷子。

而且，最主要的是……

拖着这么大的翅膀，真的好累啊！

这么多的麻烦，看来这不是我想要的超级完美的四肢。

超级变变变——海豹的鳍

空中的翅膀不行，那就去水里寻找完美的四肢吧！如果拥有海豹的鳍，就能在水中畅快游泳，开拓水中王国啦！

感觉自己像只小美人鱼——

轻轻松松游得飞快！

还能潜入水底玩耍！

海豹的小秘密
海豹游泳时靠后腿摆动推进，其祖先曾是熊的近亲，为了适应水中生活，其四肢才进化成现在这样。

开心的时候可以跃出水面！

累了就游到遥远的岛礁上休息。

阳光晒着真舒服呀！

海豹的鳍让我可以征服大海，这次应该是完美的四肢了吧！

11

不过——

人类不能在水里呼吸，隔一会儿就得到水面上换气。

而且如果想上岸，那就尴尬了……

啪嗒啪嗒——

蠕动——

超级变变变——青蛙的腿

只在水里用的四肢不行，那就换成青蛙的腿，不管在水里还是在陆地上都能用！

在水里可以游泳！

完美入水！

青蛙的小秘密
青蛙的后肢强壮有力，趾间还有蹼，游泳时能划水前进，还能跳到自身长度的12倍高。

最标准的蛙泳姿势！

谁也游不过我！

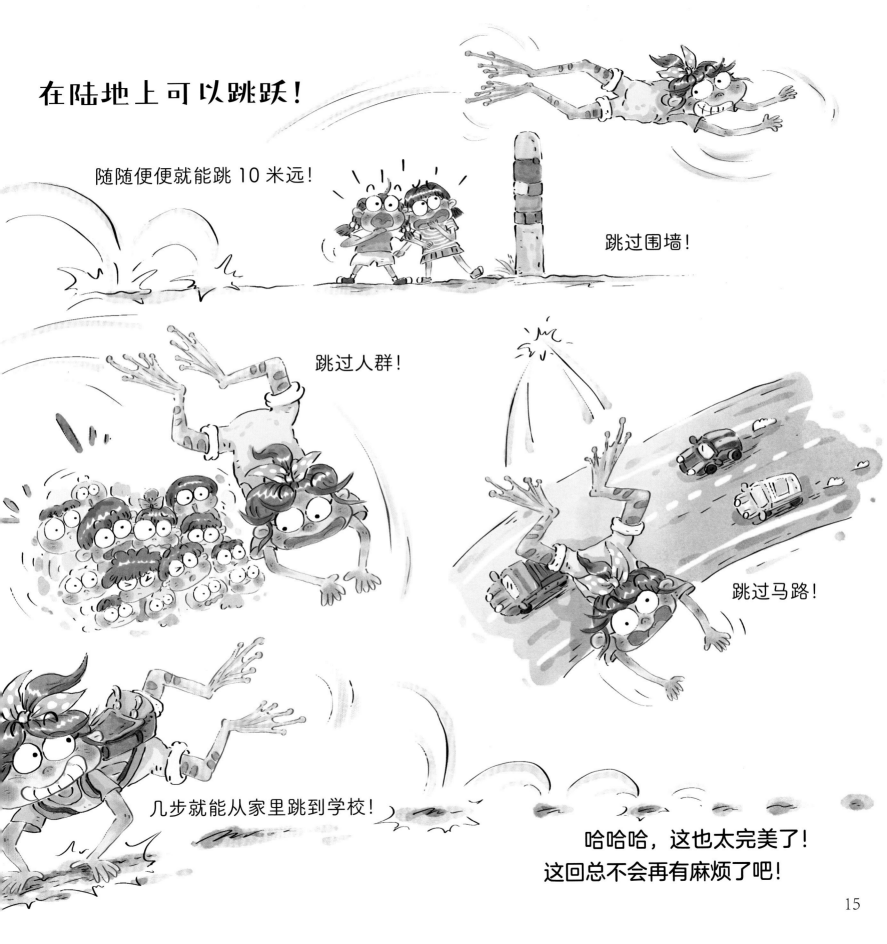

在陆地上可以跳跃！

随随便便就能跳 10 米远！

跳过围墙！

跳过人群！

跳过马路！

几步就能从家里跳到学校！

哈哈哈，这也太完美了！
这回总不会再有麻烦了吧！

不过——

腿没办法伸直。

一下子变成了全班最矮的！

做什么都容易被挡住。

刚没拍到我啊！

2024班 加油！

而且穿裤子好麻烦！

腿弯起来穿不好。

腿伸直了够不着。

要撑不住了！

倒立穿难度又太大！

算了算了，这根本不是我想要的
超级完美的四肢，赶紧换下一个！

超级变变变——鼹鼠的爪子

能去水下的四肢不行，那就换去地下的！如果我有鼹鼠那像铲子一样擅长挖土的爪子，就能尽情探索地下世界了！

不过——

粗短的爪子一点儿也不灵活。

没办法系鞋带。

没办法握笔写字。

也没办法用手机。

指甲还很容易抓坏东西。

吃零食时撒一地。

洗衣时又会撕烂衣服。

看书时划烂纸。

简直一团糟！

这么笨拙的四肢真是一点儿也不完美！继续换下一个吧！

超级变变变——鸵鸟的腿

算了，还是老老实实回到地面生活吧，这次就换成擅长奔跑的双腿吧，比如鸵鸟的腿，鸵鸟跑起步来可是很快的。

不管是短跑比赛、

我跑 100 米只要 5 秒钟哦！

长跑比赛，

不过——

这个大长腿也挺别扭的！

买不到合适的裤子。

也找不到合适的鞋子。

指甲还老划破袜子！

而且腿只能向后弯曲！
坐凳子总是会撞到。

蹲下又容易摔个
屁股蹲儿。

上楼梯还很容易摔倒。

这依旧不是完美的四肢，接
着换下一个！

超级变变变——双冠蜥的腿

感觉在地上跑得快也没多了不起，要是能在水面上跑那才厉害！
双冠蜥长长的脚趾能在水面展开，可以直接在水面上跑步！

哒哒哒！

看我轻功水上漂！

双冠蜥的小秘密
双冠蜥后腿上有着长长的皮脚趾，能够在水面展开，摆腿时产生的小气涡能使它们不沉入水里。

不过——

跑不动了。

一旦停止奔跑就会掉进水里。

我不会游泳啊！

外八的腿站着走容易摔倒。

趴着走又容易被踩到。

脚下留情！

这样看来更不完美了！
还有没有别的可以换啊？

超级变变变——还有什么？

变成长臂猿的胳膊，拥有"加长版"手臂？

不过，长胳膊没法提东西，只能拖着走。

变成苍蝇的脚，用脚就能尝味道。

不过，也会尝到自己的脚丫子味。

变成螃蟹的大钳子，谁也不敢招惹我！

不过，钳子变大后太沉了，完全举不起来！

变成蜈蚣的腿，拥有很多很多腿？

不过，每天光穿鞋就要花好长时间！

都不是我想要的超级完美的四肢！

29

还是变回来吧！

动物们的四肢确实带来了不一样的新鲜体验，但也给我们制造了不少麻烦。还是换回自己的四肢吧！

我们的双腿能站立

我们只需要两条腿就能行走、奔跑、跳跃等。哺乳动物中只有人类可以做到！

能跑，有耐力

走得稳

人类超长跑非常厉害，一旦距离超过40千米，很少有动物能跑赢人类。

可以跳

最重要的是，

这样就能解放双手，去做更多的事情！

我们的双手最灵活

我们的双手可以完成非常复杂、精密的动作，其他动物就不行。

能轻松穿衣服

能系鞋带

能拼魔方

能用刀叉

能用筷子

能写字

能开车

超级完美的四肢

现在，一起来了解一下我们的四肢，看看它们为什么这么完美吧！

我们的腿和其他动物不一样

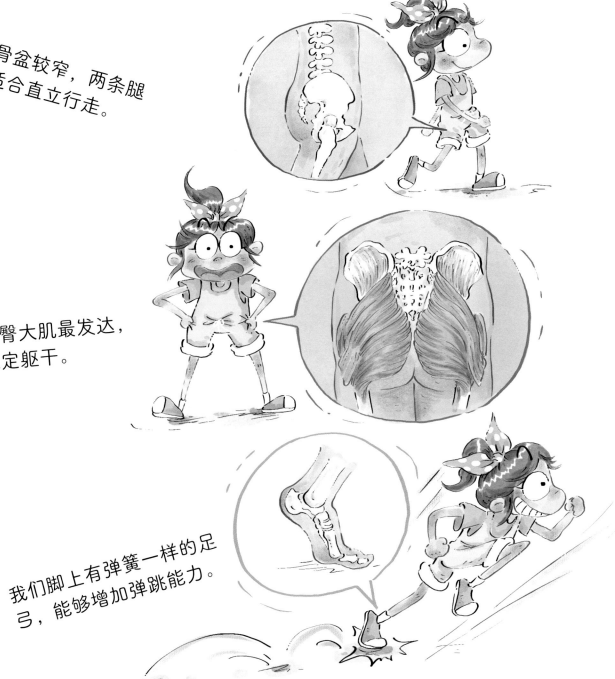

我们的骨盆较窄，两条腿的间距适合直立行走。

我们的臀大肌最发达，可以稳定躯干。

我们脚上有弹簧一样的足弓，能够增加弹跳能力。

手虽然小，但结构非常精细

我们的手腕结构独立，可以灵活弯曲。

我们的五根手指各自独立，每一个指节都能弯曲。

我们手上的韧带和肌肉很发达，除了手掌本身，前臂也有肌肉，通过长长的肌肉腱来控制手指。

我们前臂的两块骨头是细长的，可以带着手一起旋转。

33

四肢的使用窍门

我们的四肢有这么多好处，一定要好好使用、爱护它们哦。

我们可以——

坚持慢跑，让我们四肢的耐力更好。

练习跳跃，让我们四肢的爆发力更强。

做体操、跳舞，让我们四肢的协调性更强。

保持清洁，勤洗手。

冬天戴手套，防止冻伤。

不跷二郎腿，避免腿麻和膝盖疼。

天冷穿秋裤，保护膝盖。

坐一个小时就站起来活动一下，让手脚的血液循环更通畅！

就用我们超级完美的四肢，好好享受生活吧！

你不知道的四肢

人类是自然界中唯一能够直立行走的动物。能否直立行走，也是我们从猿进化为人的一个分水岭。

双腿直立行走让我们更聪明

用两条腿直立行走的人类始祖能站得更高，获得更宽广的视野，这样更容易发现远处的猎物或危险。

直立行走还解放了人类始祖的双手，使其能腾出手来做其他事情，比如使用工具、打手势交流等。

直立行走还让头远离地面，长在了身体最上方，让大脑可以更好地发育，增加脑容量，使人类变得更加聪明。

只有人类的手能握拳

当人类始祖开始直立行走后，手指进化得更短，并长出一对特别的大拇指，人类便能以大拇指为支撑，紧紧握拳。

猴子的手

人类的手

相比之下，猩猩或猴子的"手指"都太长了，同时拇指又太短，因此无法用拇指包住其他手指进行握拳。

我们为什么是五根手指？

我们的祖先并不是生来就是五根手指，而是随着能负重的四肢出现后，才演变成了稳定紧凑的五根手指。简单来说就是多了不灵活，少了力量不够，五根刚刚好。

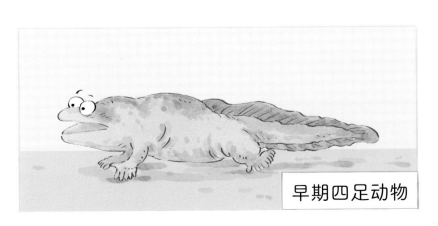

早期四足动物

小游戏

你知道下面这些关于四肢的问题，哪些答案是正确的吗？

1. 下列运动中，哪一项人类要比大多数动物都强？

A. 跳高

B. 跳远

C. 长跑

2. 下面哪一项是人类双手特有的能力？

A. 推动重物

B. 握笔写字

C. 快速挖土

3. 人类直立行走后带来的改变有哪些？（可多选）

A. 看得更远

B. 耐力更强

C. 解放双手

下列与四肢相关的日常行为，你知道哪些才是可取的吗？
给它们打上"√"吧！

☐ 1. 跷二郎腿

☐ 2. 洗手 10 秒以上

☐ 3. 下雪时戴手套

☐ 4. 坐一下午看电视

☐ 5. 留很长的手指甲

☐ 6. 天冷穿秋裤

☐ 7. 做体操锻炼

☐ 8. 不戴护具玩滑板

☐ 9. 跑步后拉伸

39

作者简介

段张取艺童书成立于 2017 年，是一家图文一体的童书原创研发公司，涉及领域包括幼儿启蒙、科普百科、学科、儿童文学等。

创作出版了原创图书 300 多本，主要作品有"逗逗镇的成语故事"系列、"古代人的一天"系列、"如诗如画的中国"系列、"神仙妖怪"系列、"文言文太容易啦"系列等，版权输出至英国、德国、法国、俄罗斯、乌克兰、韩国、越南、尼泊尔等多个国家，以及中国香港、中国台湾等地区。其中《皇帝的一天》入选"中国小学生分级阅读书目（2020 年版）"、入围 2020 年深圳读书月"年度十大童书"，《水哎》获 2022 年阿联酋沙迦国际插画展优秀作品奖，"神仙妖怪"系列图书获得香港教育城主办的"第 20 届十本好读"小学生最爱书籍第一名，《太空的一天·空间站生活的一天》获 2023 年冰心儿童图书奖图画书奖。

出 品 人：段颖婷

创意策划：张卓明

文字编创：黄易柳

插图绘制：郭汝荣

假如我有孔雀的尾巴

段张取艺 著/绘

电子工业出版社·
Publishing House of Electronics Industry
北京·BEIJING

图书在版编目（CIP）数据

身体变变变！. 假如我有孔雀的尾巴 / 段张取艺著
、绘. -- 北京：电子工业出版社, 2024. 7. -- ISBN
978-7-121-48241-0

Ⅰ. Q95-49

中国国家版本馆CIP数据核字第2024CF9108号

责任编辑：王　丹

印　　　刷：北京缤索印刷有限公司

装　　　订：北京缤索印刷有限公司

出版发行：电子工业出版社

　　　　　北京市海淀区万寿路 173 信箱　邮编：100036

开　　本：787×1092　1/12　印张：23.5　字数：238 千字

版　　次：2024 年 7 月第 1 版

印　　次：2024 年 7 月第 1 次印刷

定　　价：168.00 元（全 7 册）

凡所购买电子工业出版社图书有缺损问题，请向购买书店调换。若书店售缺，请与本社发行部
联系，联系及邮购电话：(010) 88254888 或 88258888。

质量投诉请发邮件至 zlts@phei.com.cn，盗版侵权举报请发邮件至 dbqq@phei.com.cn。

本书咨询联系方式：(010) 88254161 转 1823，wangd@phei.com.cn。

什么样的身体才是 超级完美的？

你是不是羡慕过动物们的尾巴？
总觉得它们的尾巴很厉害，

更加好看、更加灵活、更加强壮，

能拥有我们没有的功能，
吓退我们打不过的坏人，
完成我们做不到的事情……
这么看来我们的身体真的很普通！
要是我们能拥有动物们的尾巴那该多好呀！

幸运的是， 你打开了这本书！

跟我一起去寻找超级完美的尾巴吧！

尾巴专用裤子！

超级变变变——蜘蛛猴的尾巴

如果我有蜘蛛猴那样灵活的尾巴，肯定做什么都很轻松方便！

猴子捞月！

倒挂金钩！

蜘蛛猴的小秘密

蜘蛛猴的尾巴比身体还长，末端有一段光秃秃的，上面布满皱纹，能让尾巴牢牢抓住树枝而不会滑落。

手脚不小心打滑，尾巴正好救场！

荡来荡去！

蜘蛛猴的尾巴真的太方便了，这应该是最完美的尾巴了吧！

不过——

尾巴实在太长了！

容易被坐到。

被缠住或踩到。

还有可能被夹到！

下车啦！

好痛！

跳绳也会被打到。

打球又会被揪住。

找到你了!

捉迷藏更是藏都藏不住!

好吧,这样的尾巴或许并不完美。还是换成别的尾巴吧!

超级变变变——松鼠的尾巴

长长的尾巴有些碍事，那就要一条可爱的尾巴吧！松鼠毛茸茸的尾巴最可爱了！

可以当成可爱的枕头。

下雨变成可爱的雨伞！

晚上就是可爱的被子。

松鼠的小秘密

美洲松鼠会用尾巴传递信息，例如在合力对付蛇时，猛挥三下表示总攻开始，挥两下表示继续进攻，挥一下则表示停止进攻。

不开心时抱抱尾巴心情就会变好。

大家都想来交朋友。

摸起来好舒服呀！

这样看来松鼠的尾巴真是太完美了！就要松鼠的尾巴啦！

平常要花很多时间和精力去护理。

洗尾巴时简直累到不行！

该睡觉了！

等一下！我尾巴还没吹干！

松鼠的尾巴还是不完美，是不是毛少一点儿会更方便呢？换下一个吧！

超级变变变——鳄鱼的尾巴

鳄鱼的尾巴就不用担心掉毛的问题啦，而且鳄鱼的尾巴非常强壮，拥有这样强壮的大尾巴会怎么样呢？

有了大尾巴推进，在水里游得比之前快多了！

鳄鱼的小秘密

幼年美洲短吻鳄的尾巴断掉后可以重新再长出来，但新长出的尾巴和之前比并没有什么力量。

到了岸上，强壮的大尾巴也是超级厉害的帮手！

球进了！

太爽了！鳄鱼这样的尾巴绝对够完美了吧！

不过——

粗尾巴加上硬邦邦的鳞片，所有带靠背的椅子都没法坐！

上厕所最麻烦！马桶坐不下去。

蹲坑也不方便！

好臭！

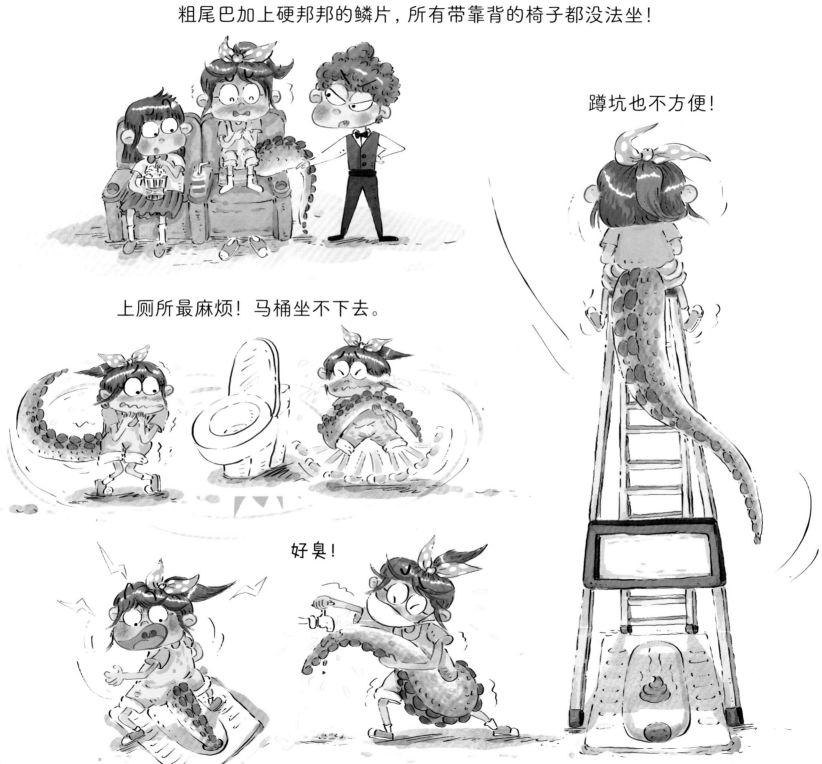

还总是撞倒东西。

一不小心又会绊倒别人。

自己摔倒就更麻烦了。

这尾巴简直就是个大麻烦，还是换成别的尾巴吧！

超级变变变——蝎子的尾巴

强壮的不合适，那就要最酷炫的尾巴，比如蝎子的尾巴！有帅气的钩子和毒液，再也不怕被欺负啦！

被我蜇到可不好受哦！

有了蝎子尾巴，什么也不怕！
可以放心大胆地走夜路。

蝎子的小秘密

蝎子尾巴上的毒针能麻痹或杀害猎物。但对巴氏无支蝎来说，如果尾巴不小心断了，则会因为拉不出便便而活活憋死。

同学们怕被误伤都不敢靠近。

身边的朋友全跑光了。

干脆把毒刺包起来吧？

可是这样就一点儿也不酷了！

算了，这么危险的尾巴还是不要了吧，换个安全点儿的！

19

超级变变变——孔雀的尾巴

酷炫的尾巴太危险，那就要漂亮的尾巴。最漂亮的莫过于雄孔雀的尾巴了。虽然我是女生，但也要换上试试看！

瞬间变成人群中的焦点！

华丽！

闪亮！

惊艳！

孔雀的小秘密

只有雄孔雀的尾巴才会开屏。一是为了吸引雌孔雀的注意；二是敌人靠近时，可以露出尾巴上的"眼睛"吓退敌人。

拥有这么一条尾巴简直太完美了吧！

21

不过——

尾巴太大了好碍事！

感应门过不去。

旋转门过不去。

SOS

小汽车也坐不进去。

好不容易挤进公交车了，
还会被嫌弃！

走路总是拖在地上。

真好，都不用我扫地了。

一不小心还会被踩到。

我的尾巴！

拖着这么一条碍事的大尾巴，哪还有心情漂亮啊。有没有不碍事的尾巴呢？

23

超级变变变——壁虎的尾巴

壁虎的尾巴就没那么碍事了，而且断了还可以再长出来！
换成壁虎的尾巴一定很好玩！

如果有人追我，我就……

不过——

断一次尾巴要几个月才能长好。

而且很容易再次断掉。

教室门关太快，断掉。

玩老鹰抓小鸡，断掉。

从人群中挤出来，断掉。

突然受惊吓，还是断掉！

这尾巴还不如不要呢！

这个尾巴依然不完美，再换成其他的尾巴吧！

25

超级变变变——鹿的尾巴

是不是小尾巴会更轻松呢？鹿的尾巴小小一条很灵活，还能抬起尾巴向同伴传递信息，感觉应该很不错！

轻轻松松！

没有烦恼！

小巧可爱！

鹿的小秘密

当鹿发现危险时，会竖起尾巴露出醒目的白毛，提醒同伴赶紧逃跑。

既不会被门卡。

也不会拖在地上！

不过——

虽然鹿的尾巴能帮鹿传递信息……

可是对人类来说没用啊！

嗯……是不是还是没有找对
尾巴？还有别的尾巴可以换吗？

超级变变变——还有什么？

变出响尾蛇的尾巴，嘶嘶的声音听起来就很吓人。

不过，也就听起来吓人，实际一点儿用都没有。

虚张声势！

变出猫咪的尾巴，心情都能通过尾巴表现出来！

不过，还不如脸上做表情来得直接。

还容易掉毛。

变出马的尾巴，等于拥有
一个自动驱蚊器！

不过，马尾巴扫不到的地方
还是会被蚊子叮。

变出袋鼠的尾巴，可以支撑
身体完成各种高难度动作！

不过，走路时尾巴拖地
会被磨得很痛！

这些尾巴虽然有趣，但总感觉对人来说用处不多，
麻烦却不少！是不是因为这个，人才不长尾巴的啊？

人类为什么没有尾巴？

很多动物都有各种各样的尾巴，那为什么人类没有尾巴呢？
其实根本原因就是——没必要！

人类有发达的小脑和前庭系统，
不需要靠尾巴来保持平衡。

人类的双手灵活，不需要
用尾巴来帮助抓握。

人类的面部表情丰富，不需要
用尾巴来表达心情。

人类的视觉、听觉、嗅觉等都十分发达，
不需要用尾巴来帮忙感知环境。

人类生活在陆地上，不需要用尾巴控制飞行。

人类能使用各种工具，也不需要用尾巴在水里推进。

而且在草丛间行走时，尾巴还可能会碍事。

尾巴的遗产

其实人类的尾巴也不是完全消失了，而是退化成了尾骨！

顺着脊椎往下摸到最下面，可以摸到一个小小的凸起，那就是尾骨。

尾骨整体是一个上宽下窄的倒三角形。

尾骨由 3~5 块退化的尾椎融合而成。

尾骨和骶骨、髋骨一起构成了骨盆，
像托盘一样承托起腹部的内脏器官。

在我们摔倒时，尾骨还可以起到缓冲作用，避免直接摔伤脊椎。

保护"小尾巴"

虽然我们的"小尾巴"——尾骨，能帮忙承担很多伤害，但是尾骨受伤也是很疼的，还是要小心保护它才行。

千万记得——

玩耍时注意脚下，小心不要摔倒。摔"屁股蹲儿"时最容易摔伤尾骨了。

不要总是把重心放在屁股的一侧，这样会给尾骨增加负担。

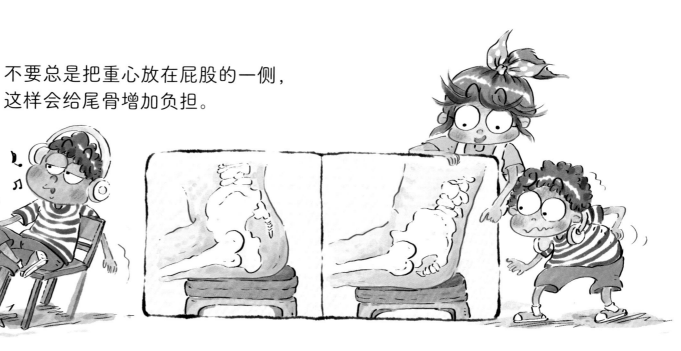

骑自行车时也要注意姿势，避免长时间摩擦尾骨。

屁股稳坐坐垫正中！

如果尾骨还是受伤了，要记得及时看医生！

120

你不知道的尾巴

科学研究发现，人类的祖先原本是有尾巴的，但后来尾巴是如何消失的，学界有着不同的猜测。

我们的尾巴是怎么消失的？

观点一：基因突变

一种观点认为，人类失去尾巴可能是因为体内的一个叫 TBXT 的基因发生了改变，影响了人类尾巴的生长，让我们的尾巴逐渐消失了。

观点二：自然选择

另一种观点认为，当人类祖先学会直立行走后，重心向下移动，不再需要靠尾巴来平衡身体，尾巴反而成了一种累赘，于是就慢慢随着进化消失了。

我们还会再长出尾巴吗?

其实现在人类还会长"尾巴",只不过是在妈妈肚子里的时候。当人类胚胎发育到 31~34 天时,能看到一条明显的尾巴。

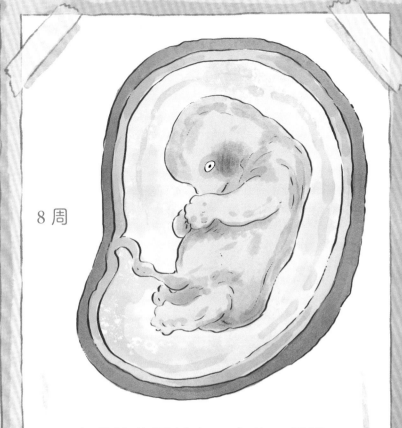

8 周

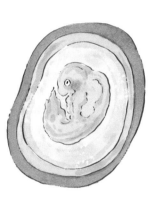

4 周

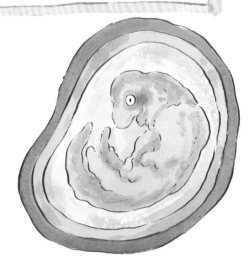

6 周

之后胎儿再长大一点儿,尾巴就会停止生长,一部分被身体吸收,一部分成为尾椎骨。

也有极少数的小朋友出生时会带有一条"软尾巴",这条尾巴里面没有骨头,只是软软的肉,没有什么特殊的作用。

小游戏

你知道下面这些关于尾巴的问题，哪些答案是正确的吗？

1. 人类的尾骨有什么作用？

A. 保护内脏　　　　　B. 摔倒缓冲　　　　　C. 避免腰痛

2. 下列哪种做法可能伤害我们的尾骨？

A. 滑雪戴上屁垫儿　　B. 适当做运动　　　　C. 长时间久坐

3. 人类尾巴消失有哪些可能的原因？（多选）

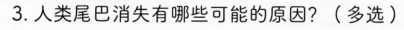

A. 基因突变　　　　　B. 直立行走　　　　　C. 外观难看

答案：1.B、2.C、3.AB

你知道下面这些关于尾巴的描述中，哪些是正确的，哪些是错误的吗？请给它们分别打上"√"和"×"吧！

☐ 蜘蛛猴尾巴比身体还长　　☐ 马尾巴能驱赶蚊子　　☐ 蝎子尾巴没有毒

☐ 雌孔雀尾巴也能开屏　　☐ 鳄鱼尾巴很有力　　☐ 壁虎断尾不能再长

☐ 鹿的尾巴可以吓退敌人　　☐ 松鼠尾巴不会掉毛　　☐ 袋鼠尾巴能支撑身体

答案：√、×、×、×、√、×、×、√、√

作者简介

段张取艺童书成立于 2017 年，是一家图文一体的童书原创研发公司，涉及领域包括幼儿启蒙、科普百科、学科、儿童文学等。

创作出版了原创图书 300 多本，主要作品有"逗逗镇的成语故事"系列、"古代人的一天"系列、"如诗如画的中国"系列、"神仙妖怪"系列、"文言文太容易啦"系列等，版权输出至英国、德国、法国、俄罗斯、乌克兰、韩国、越南、尼泊尔等多个国家，以及中国香港、中国台湾等地区。其中《皇帝的一天》入选"中国小学生分级阅读书目（2020 年版）"、入围 2020 年深圳读书月"年度十大童书"，《水哎》获 2022 年阿联酋沙迦国际插画展优秀作品奖，"神仙妖怪"系列图书获得香港教育城主办的"第 20 届十本好读"小学生最爱书籍第一名，《太空的一天·空间站生活的一天》获 2023 年冰心儿童图书奖图画书奖。

出品人：段颖婷

创意策划：张卓明

文字编创：黄易柳

插图绘制：郭汝荣

身体变变变！

假如我有大象的耳朵

段张取艺 著/绘

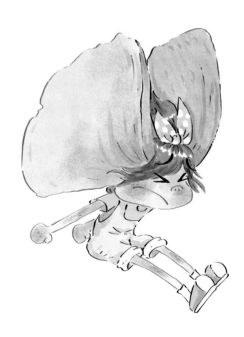

电子工业出版社·

Publishing House of Electronics Industry

北京·BEIJING

图书在版编目（CIP）数据

身体变变变！. 假如我有大象的耳朵 / 段张取艺著
、绘. -- 北京：电子工业出版社, 2024. 7. -- ISBN
978-7-121-48241-0

Ⅰ. Q95-49

中国国家版本馆CIP数据核字第2024UY1606号

责任编辑：王　丹

印　　刷：北京缤索印刷有限公司

装　　订：北京缤索印刷有限公司

出版发行：电子工业出版社

　　　　　北京市海淀区万寿路 173 信箱　邮编：100036

开　　本：787×1092　1/12　印张：23.5　字数：238千字

版　　次：2024 年 7 月第 1 版

印　　次：2024 年 7 月第 1 次印刷

定　　价：168.00 元 (全 7 册)

凡所购买电子工业出版社图书有缺损问题，请向购买书店调换。若书店售缺，请与本社发行部
联系，联系及邮购电话：(010) 88254888 或 88258888。

质量投诉请发邮件至 zlts@phei.com.cn，盗版侵权举报请发邮件至 dbqq@phei.com.cn。

本书咨询联系方式：(010) 88254161 转 1823，wangd@phei.com.cn。

什么样的身体才是
超级完美的?

你是不是羡慕过动物们的耳朵?

总觉得它们的耳朵比我们的灵敏,

能听得更清、听得更远、听得更多,

听到我们听不到的声音,

接收我们收不到的信息,

察觉我们不知道的危险……

这么看来我们的耳朵真的很普通!

要是我们能拥有动物们的耳朵那该多好呀!

幸运的是, 你打开了这本书!

跟我一起去寻找超级完美
的耳朵吧!

超级变变变——薮猫的耳朵

薮（sǒu）猫有着猫科动物中最大的耳朵，听觉特别灵敏，再细微的声音也能听到。如果我有薮猫的耳朵，那我就有了厉害的"顺风耳"！

有了"顺风耳"，任何风吹草动都能听到。

前面有脚步声！

找到你了！

啊！

再轻微的动静也逃不过。

没看到人啊?

我听到呼吸声了!

薮猫的小秘密
薮猫能听到地上地下的细微动静,捕猎的成功率比狮子和老虎还高。如果它的头和人的一样大,那耳朵就能有餐盘那么大。

成为跑酷高手。

薮猫的内耳还能帮身体保持平衡。

飞檐走壁不在话下。

不过——

听力太灵敏，听到的噪音也更多。

没办法专心写作业。

也没办法专心考试。

背的全忘了!

好吵啊。

晚上更是睡不着觉。

声音被放大了好几倍，接电话要捂住耳朵。

要耳鸣了。

刮风天，风在耳边呼呼作响。

吵得耳朵好痛！

打雷天，雷声更是震耳欲聋。

我不行了。

看来薮猫的听力再好，也不见得就是完美的耳朵，还是再看看其他的耳朵吧！

超级变变变——非洲象的耳朵

要是把耳朵再变大一点儿会怎么样？如果我有非洲象那么大的耳朵，不仅能听到远处的声音，还能像扇子一样扇风。

有了非洲象的"招风耳"，夏天再也不需要风扇了。

我扇！

真凉快！

非洲象的小秘密

非洲象的耳朵最长的可达 2.4 米，铺在地上能坐得下 8 个人。在炎热的夏季，它们靠扇动大耳朵就能快速降温。

能用耳朵扇走油烟。

用耳朵吹起风筝。

还能用耳朵当船帆。

全速前进!

非洲象的大耳朵可真厉害呀，那这就是我想要的完美耳朵了吗？

不过——

耳朵又大又重，动一会儿就会很累。

跑步总是很吃力。

跳远也很吃力。

成绩不及格！

还总是不小心打翻东西。

烧烤时容易被烧到。

把耳朵包住的话会变得更重了。

下雪时耳朵又很冷。

看来大象的耳朵也不够完美，
还是换下一个吧！

13

超级变变变——兔子的耳朵

如果把耳朵变得很长呢？兔子的长耳朵毛茸茸的，不仅看着可爱，还能旋转 270 度！如果拥有兔子的耳朵，就能做到"听声辨位"了！

能"耳听八方"，玩蒙眼抓人游戏一定超厉害！

两点钟方向有声音。

抓到你了！

有危险时能及时听到动静。

兔子的小秘密
兔子的耳朵中有许多血管，接触冷空气时，血液的温度会降低，体温也会随之下降。

冬天还能用来保暖。

夏天竖起耳朵就可以散热。

兔子的长耳朵不仅可爱，还很有用！那这是不是就是完美的耳朵呢？

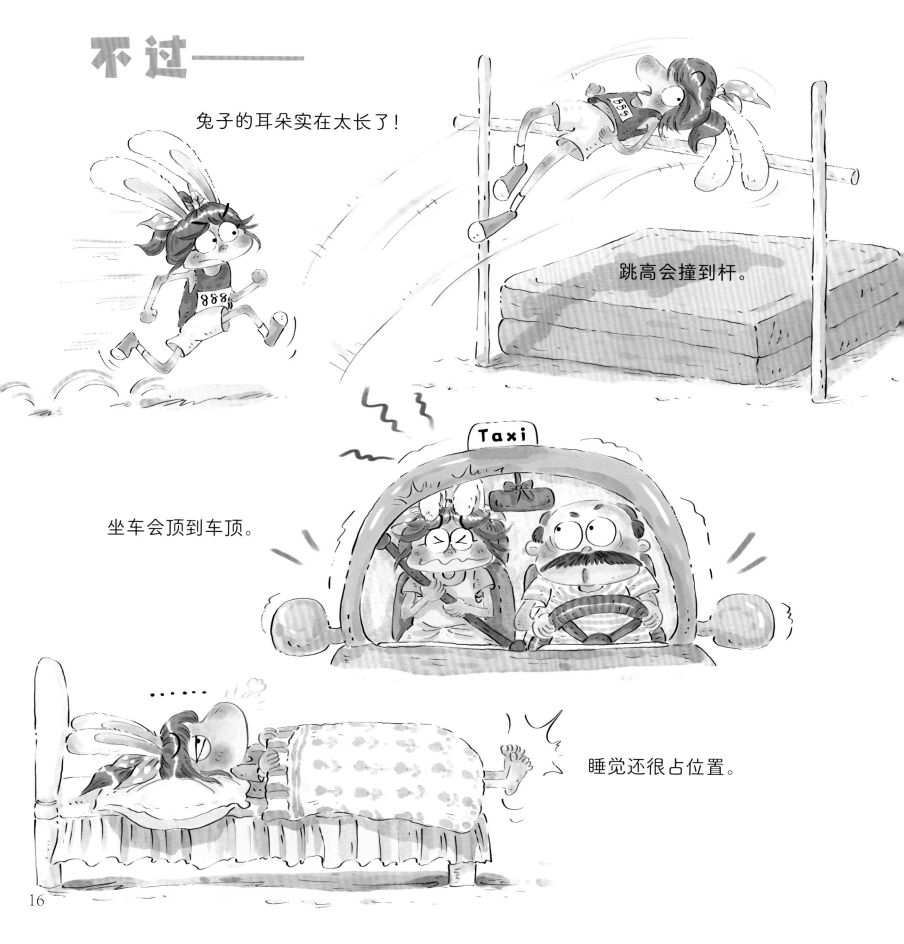

不过——

兔子的耳朵实在太长了！

跳高会撞到杆。

坐车会顶到车顶。

睡觉还很占位置。

穿衣服又会卡进袖子里。

戴耳机只能夹起来。

接电话还得举到头顶。

手好酸。

兔子的耳朵真是太长了，并不适合我，继续换下一个吧！

超级变变变——蝙蝠的耳朵

蝙蝠的耳朵可以接收到人耳听不到的高频声波，来实现回声定位。
如果我有蝙蝠的耳朵，即使在黑暗中也不怕撞到东西啦！

可以靠回声定位避开危险。

前面好像有东西在动!

在黑暗中也能准确找到目标。

就是这里了!

蝙蝠的小秘密
蝙蝠能发出人耳听不到的"声音",这些"声音"碰到物体后会反射回来被耳朵接收,从而帮助自己躲避障碍物。蝙蝠连头发丝细的障碍物也能避开。

蝙蝠的耳朵在黑暗中可真有用,但这就是完美的耳朵了吗?

不过——

需要发出声音才能用耳朵回声定位。

你怎么了？

嗓子喊哑了。

等下，我发不出超声波啊！

光靠嘴巴喊还不够，还得发出人耳听不到的超声波才行。

不过人类无法发出超声波。

而且耳朵还会被其他超声波干扰。

超声波牙刷。

超声波雷达。

蚊子、夜蛾、老鼠等其他动物发出的超声波。

我要听什么来着？

不行，这蝙蝠的耳朵也太复杂了！算了，再继续找其他的耳朵吧！

超级变变变——信鸽的耳朵

超声波不行，那换成人耳听不到的次声波呢？信鸽的耳朵能听到次声波，来探测远处的自然灾害。如果我有信鸽的耳朵，就能第一时间发现灾害了。

每天只要用耳朵听一听，就能探测天气变化。

信鸽的小秘密

信鸽的耳朵能听到数千米外的雷电和海啸的声音。还能借助次声波导航、探测水源和预测天气变化。

要下暴雨啦！快回家！

不过——

耳朵只有两个洞，一点儿也不方便。

眼镜挂不住。

口罩也挂不住。

洗澡还很容易进水。

而且更容易进脏东西。

被耳屎堵住。

小虫子容易爬进去。

还可能感染细菌。

好吧，看来信鸽的耳朵也不是
那么完美，只能再换下一个了！

超级变变变——狐獴的耳朵

试试狐獴的耳朵怎么样？狐獴的耳朵可以自己控制完全闭上。如果我有它的耳朵，就再也不用担心耳朵里会进脏东西了。

去海滩玩时，不用担心沙子或海水进到耳朵里。

想怎么玩就怎么玩！

狐獴的小秘密
狐獴的黑色弯月型耳朵里面有一层膜，在挖沙时会自动闭上，避免沙子跑进去。

野外露营时也不用担心
虫子会爬进耳朵里。

不过——

闭上耳朵后就听不太清别人说话了。

小心脚下！

救命啊！

看来这些耳朵都不是最完美的，
那还有没有别的耳朵可以换呢？

超级变变变——还有什么？

变考拉的耳朵，长长的毛发可以做好多造型。

不过，耳朵毛发太长，弄脏了很难清理。

变马的耳朵，不说话时能用耳朵来表达情绪。

不过，只有其他马能看懂，对人类无用。

变袋獾的耳朵，可以听到很远距离的声音。

不过，情绪激动时耳朵就会变得通红。

变猞猁的耳朵，能靠耳朵上的那撮毛来判断声音来源。

不过，要是不小心剪掉了这撮毛，就分不清声音了。

看来这些都不是最完美的耳朵。

还是变回来吧！

虽然这些动物的耳朵都有很强的地方，但总感觉不是大了就是小了，又或者太复杂，还是变回我们自己的耳朵看着更顺眼！

我们的耳朵很会听

我们的耳朵正常能听到 20~20000 赫兹频率的声音，能听到的声音强度小到蚊子的嗡嗡声，大到喷气式飞机的轰鸣声。

而且我们比很多动物更擅长分辨声音的细微差别。

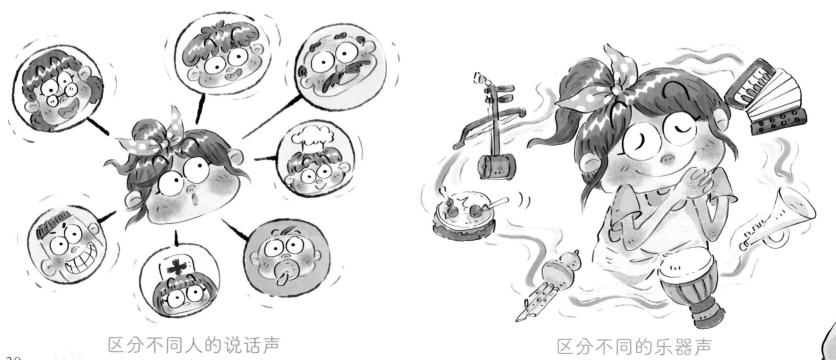

区分不同人的说话声　　　　　　　　区分不同的乐器声

我们的耳朵能让身体保持平衡

除了听声音，我们的耳朵还是身体保持平衡的关键，这与耳朵中一个叫半规管的器官密切相关。

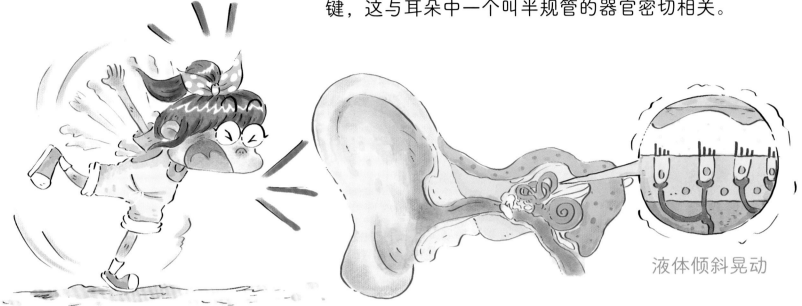

液体倾斜晃动

当我们失去平衡时，半规管中的液体会跟着运动倾斜，并将信息传递给大脑。

液体恢复平静

这时大脑就会产生调节平衡的感觉信息，让我们保持平衡。

超级完美的耳朵

现在，就来了解一下我们的耳朵为什么会这么完美吧！

我们的听觉系统由三部分组成：外耳（收集声波）、中耳（传导声波）、内耳（感受声波）。

外耳包含耳廓和外耳道。耳廓就像漏斗一样收集、放大声波并将其引导至耳道。

中耳包含鼓膜、中空腔和三块听小骨（镫骨、锤骨、砧骨）。听小骨能通过振动放大声音。

内耳包含前庭、半规管和耳蜗，其中耳蜗感知听觉，半规管和前庭中的位觉感受器可感受运动状态和头在空间的位置。

耳蜗因为看着像蜗牛壳而得名，里面充满淋巴液体，连接着许多神经。

耳朵是怎么听到声音的？

1. 外界的声波被耳廓收集后进入外耳道。

2. 声波从外耳道通过，引起鼓膜振动。

鼓膜

锤骨

砧骨

镫骨

3. 鼓膜的振动通过中耳的三块骨头放大，再传递到内耳。

4. 内耳里的耳蜗会把振动处理成神经信号传递给大脑，这样我们就能听到声音了。

保护小耳朵

虽然我们的耳朵有这么多优点，但也要注意保护我们的耳朵和听力，这样我们才能更加清晰地聆听这个世界。

千万记得——

不要用发卡、火柴或棉签等东西乱掏耳朵，避免挖伤耳朵。

不要长时间戴耳机听音乐，戴耳机时音量也不可过大。

不要长时间处在大于 90 分贝的噪音中，避免损伤听力。

不要用力揉耳朵，因为这可能会损伤耳朵皮肤，引起发炎。

还可以——

冬天出门时戴上耳罩，
避免耳朵被冻伤。

游泳时戴耳塞，防止耳朵进水。

处在噪音很大的环境中时，可以
戴上耳塞或捂住耳朵，降低音量。

定期检查耳朵。如果耳朵感到
不适，要及时去医院检查。

你不知道的耳朵

在我们的耳朵上，能看到许多动物祖先留下的"遗产"。

鱼类祖先的遗产

鱼类祖先登上陆地后开始改用肺呼吸，由鳃改造而来的喷水孔则不再用于呼吸，而是"另谋出路"，逐渐演变成中耳的鼓膜室。

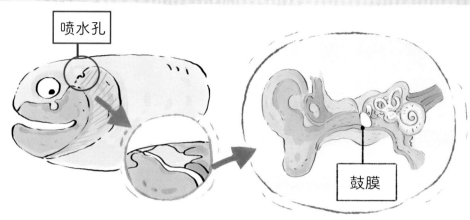

喷水孔

鼓膜

瘘口

盲端

有些人的耳朵前面会有一个小孔，叫作耳盲管，这是鱼类祖先的鳃弓闭合不完全留下的痕迹。平时可以不用管它，但要注意不要感染。

爬行动物祖先的遗产

爬行动物祖先在演变为哺乳动物的过程中，方骨和关节骨逐渐退化变小，最后进入中耳，演化成听小骨中的砧骨和锤骨，最终形成灵敏的听觉。

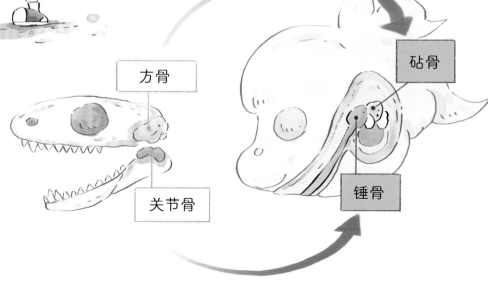

方骨

关节骨

砧骨

锤骨

哺乳动物祖先的遗产

我们耳轮后上部有一个小突起，叫作达尔文点。它是高等动物耳尖的部分，虽然人类已经不再拥有这种尖耳朵，但依旧保留了这部分。

达尔文点

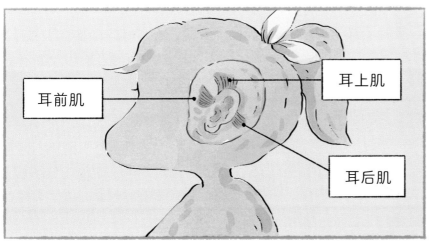

耳前肌

耳上肌

耳后肌

耳廓的下方有三块动耳肌，曾是哺乳动物祖先用来控制耳廓朝向的，但如今人的耳朵已经进化到不需要改变耳朵的朝向了，动耳肌便成了摆设。

不过，也有少部分没进化完全的人能重新领悟到这种技巧，用上这祖先留下的遗产，掌握"动耳神功"。

小游戏

试试看，你能把下面这些功能和对应的耳朵部位连在一起吗？

1. 收集外界声音

A. 听小骨
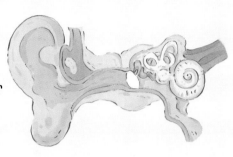

2. 保持平衡

B. 耳蜗

3. 将振动转化为声音信号

C. 耳廓
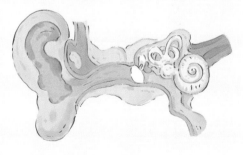

4. 放大鼓膜振动

D. 半规管
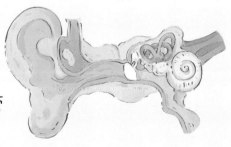

答案：1-C，2-D，3-B，4-A

下面这些使用耳朵的行为，哪些是可取的，哪些是会伤害耳朵的？
请你分别在对应的行为前面打上"√"和"×"吧！

☐ 戴耳机听一整天摇滚乐　　☐ 游泳时戴上耳塞　　☐ 在施工现场附近玩耍

☐ 冬天出门戴上耳罩　　☐ 耳朵发炎及时去医院　　☐ 用棉签用力掏耳屎

☐ 用力搓耳朵取暖　　☐ 在别人耳边大叫　　☐ 放鞭炮时赶紧捂住耳朵

答案：× √ × √ √ × × × √

作者简介

段张取艺童书成立于 2017 年，是一家图文一体的童书原创研发公司，涉及领域包括幼儿启蒙、科普百科、学科、儿童文学等。

创作出版了原创图书 300 多本，主要作品有"逗逗镇的成语故事"系列、"古代人的一天"系列、"如诗如画的中国"系列、"神仙妖怪"系列、"文言文太容易啦"系列等，版权输出至英国、德国、法国、俄罗斯、乌克兰、韩国、越南、尼泊尔等多个国家，以及中国香港、中国台湾等地区。其中《皇帝的一天》入选"中国小学生分级阅读书目（2020 年版）"、入围 2020 年深圳读书月"年度十大童书"，《水哎》获 2022 年阿联酋沙迦国际插画展优秀作品奖，"神仙妖怪"系列图书获得香港教育城主办的"第 20 届十本好读"小学生最爱书籍第一名，《太空的一天·空间站生活的一天》获 2023 年冰心儿童图书奖图画书奖。

出 品 人：段颖婷

创意策划：张卓明

文字编创：黄易柳

插图绘制：郭汝荣

假如我有犀牛的鼻子

身体变变变！

段张取艺 著 / 绘

电子工业出版社

Publishing House of Electronics Industry

北京·BEIJING

图书在版编目（CIP）数据

身体变变变！.假如我有犀牛的鼻子 / 段张取艺著
、绘. -- 北京：电子工业出版社, 2024.7. -- ISBN
978-7-121-48241-0

Ⅰ.Q95-49

中国国家版本馆CIP数据核字第2024TP8222号

责任编辑：王　丹
印　　刷：北京缤索印刷有限公司
装　　订：北京缤索印刷有限公司
出版发行：电子工业出版社
　　　　　北京市海淀区万寿路 173 信箱　　邮编：100036
开　　本：787×1092　1/12　印张：23.5　　字数：238 千字
版　　次：2024 年 7 月第 1 版
印　　次：2024 年 7 月第 1 次印刷
定　　价：168.00 元 (全 7 册)

凡所购买电子工业出版社图书有缺损问题，请向购买书店调换。若书店售缺，请与本社发行部
联系，联系及邮购电话：(010) 88254888 或 88258888。

质量投诉请发邮件至 zlts@phei.com.cn，盗版侵权举报请发邮件至 dbqq@phei.com.cn。

本书咨询联系方式：(010) 88254161 转 1823，wangd@phei.com.cn。

什么样的身体才是超级完美的？

你是不是羡慕过动物们的鼻子？
总觉得它们的鼻子比我们的厉害，

能发现食物、指引方向、察觉危险，

能闻到我们闻不出的气味，
分辨我们不知道的信息，
接收我们收不到的信号……
这么看来我们的鼻子真的很普通！
要是我们能拥有动物们的鼻子那该多好呀！

幸运的是， 你打开了这本书！

跟我一起去寻找超级完美
的鼻子吧！

超级变变变——大象的鼻子

如果我的鼻子能像大象一样长，那我就能轻轻松松拿到高处够不着的东西了。

有了长鼻子，不用爬树也能摘到高处的果子。

我的鼻子能长到两米长哦！

游泳时还可以把长鼻子伸出水面呼吸。

想游多久都行！

大 象 的 小 秘 密

大象的鼻子可以长到两米多长。它们不用鼻子喝水，而是用鼻子吸水再送进嘴里。它们一次可吸入9升水，相当于16瓶矿泉水。

还能直接用鼻子吸水洗澡。

而且鼻子由灵活强壮的肌肉组成，就像有了"第三只手"一样。

帮忙扇风和赶蚊子。

帮忙拿水果。

帮着倒垃圾。

帮着擦玻璃。

大象的小秘密

大象的鼻子由约 40000 块肌肉组成，灵活又强壮。既能搬运重达 300 千克的东西，也能捡起一根绣花针。

帮着洗衣服。

帮着搬重物。

帮着拼积木。

大象的长鼻子真厉害！可以干好多事情，真是超级完美！

不过——

举着又长又重的鼻子真的好累!

骑车时,风会吹得长鼻子
在脸上甩来甩去。

挤电梯时,长鼻子还会被
挤得透不过气。

擤鼻涕也变得超级困难。

睡觉时呼声震天。

喘不过气了！

翻身还会不小心压到自己。

顶着大象的长鼻子也太辛苦了，还是算了，再看看有没有短一点儿的吧！

超级变变变——高鼻羚羊的鼻子

如果鼻子变大一点儿呢？就像高鼻羚羊的大鼻子，不仅呼吸更通畅，而且能够加热、过滤空气和感知天气。如果我有这样的鼻子，再恶劣的环境也不怕啦！

就算杨柳絮和沙尘满天，
也能正常呼吸。

高鼻羚羊的小秘密
高鼻羚羊的鼻孔朝下，里面布满鼻毛和黏膜，能阻拦空气中的灰尘，还能加热和湿润吸入的空气。

高鼻羚羊的鼻子就像空气净化器和空调的结合，真是太有用了！

不过——

鼻子实在太大了！又不像大象的鼻子可以举起来，只能垂着。

喝饮料吸管会戳进鼻孔里。

打哈欠会把鼻子吃进嘴里。

垂着的大鼻子还会影响嘴巴说话。

而且过滤的灰尘多了，鼻屎也会变成很大一颗。

温暖湿润的鼻腔也更适合细菌生存，容易导致我们生病。

看来高鼻羚羊这么大的鼻子也很麻烦！还是换个小一点儿的吧！

超级变变变——狗的鼻子

那变成狗的鼻子怎么样？嗅觉超级灵敏，能分辨 200 多万种气味，远远强过人类。有了狗的鼻子，我就能成为超级侦探了！

不管目标逃得多远，

嗅——

犯人往东南方向跑了。

藏得多深，

嗅——

犯人躲在垃圾桶里。

狗的小秘密

狗的嗅觉灵敏度是人类的 100 万倍。狗鼻子里有 2.2 亿个嗅觉细胞，能嗅出 200 多万种不同的气味，一些经过训练的狗甚至能嗅出癌细胞！

不过——

鼻子太灵敏了，很容易闻到附近的臭味。

好臭！

逛街时——

无法呼吸！

骑车时——

根本吃不下。

上课时——

吃饭时——

更别说还会闻到一些有害的气体。

看来鼻子太灵敏也不行，都没办法
正常生活了，再找找其他的鼻子吧！

17

超级变变变——星鼻鼹鼠的鼻子

如果不用鼻子来闻气味呢？要不试试星鼻鼹鼠的鼻子，靠鼻子上的灵敏触手触碰物体就可以感知周围，就像拥有了一个超级感应器！

这里没有。

这里也没有。

有了这个"鼻指"，夜晚不用开灯也能找到东西。

找到啦！

星鼻鼹鼠的小秘密

星鼻鼹鼠的鼻子上长有 22 只触手，每秒可触碰超过 12 个地方，比用人眼看的速度还快。星鼻鼹鼠是世界上捕食速度最快的哺乳动物。

不过——

老用鼻子触碰东西，很容易受伤。

被烫到。

被冻到。

被扎到。

被夹到。

而且鼻子一点儿也不好看。

到哪儿都会被异样的眼光盯着。

那是外星人吗？

算了，还是不要星鼻鼹鼠这么奇怪的鼻子了吧。继续找其他的吧！

21

超级变变变——犀牛的鼻子

这次换个强大点儿的鼻子试试。犀牛的怎么样？鼻子上长有坚硬又锋利的角。如果我有犀牛的鼻子，那一定很威风！

碰到打不开的门就直接破门而入。

犀牛的小秘密
犀牛鼻子上的角和人的指甲、头发成分相同，会不断变长、变大。最长的犀牛角可达 1.5 米。

不过——

鼻子上的角太大，走路总是挡住视线。

看电影也会被挡住。

看久了还容易变成斗鸡眼。

而且角又尖又硬，老把衣服戳破。

骑车也戴不了头盔。

玩滑滑梯还会被卡住。

坐车碰到急刹车更是尴尬。

这么看，犀牛鼻子还不如不要呢！还是换其他的吧！

超级变变变——信天翁的鼻子

这么多鼻子都不行，干脆不要"鼻子"了！信天翁的鼻子只有两个小孔，但它很擅长闻鱼群的气味，如果有它的鼻子，就能成为捕鱼高手！

只要闻一闻，就能找到最佳钓鱼地点。

又钓了条大鱼！

信天翁的小秘密

信天翁的鼻孔像条管子，能闻到几千米外的鱼的味道，还能把体内多余的盐排出来，所以信天翁可以直接喝海水。

不过——

小鼻孔很容易被鼻屎堵住，还很难抠出来。

花粉、灰尘也会直接堵住鼻孔。

阿——嚏——

运动时，小鼻孔根本喘不过气来。

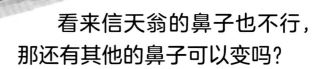

看来信天翁的鼻子也不行，那还有其他的鼻子可以变吗？

27

超级变变变——还有什么?

变菊头蝠的鼻子,可以发出超声波回声定位。

不过,人类的耳朵根本听不到超声波啊!

变野猪的鼻子,能拱开泥土找到好吃的。

不过,鼻孔里会弄得全是泥。

变长鼻猴的鼻子，硕大的鼻子
在长鼻猴群中会很受欢迎。

不过，在人类中就不是
这回事了。

变锯鳐的鼻子，鼻子能当锯子用。

不过，鼻子上的锯
齿很容易误伤别人。

感觉这些鼻子放在我们脸上都
不合适，还是我们原来的鼻子更好！

还是变回来吧!

其他动物的鼻子放到我们脸上,总觉得怪怪的,还是换回我们自己的鼻子看着最顺眼!

我们的鼻子能呼吸

我们日常依靠鼻子来呼吸,鼻子还会对吸入的空气进行"加工"处理。

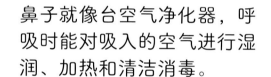

鼻子就像台空气净化器,呼吸时能对吸入的空气进行湿润、加热和清洁消毒。

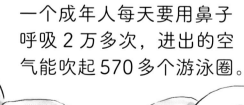

一个成年人每天要用鼻子呼吸 2 万多次,进出的空气能吹起 570 多个游泳圈。

我们的鼻子能"尝"味道

我们鼻子的嗅觉可分为"鼻前嗅觉"和"鼻后嗅觉"两种。

鼻前嗅觉就是用鼻子去闻体外的气味的过程。我们的鼻子可以分辨一万多种气味。

鼻后嗅觉就是吃东西时，气味从嘴里进到鼻子里的过程。除了"酸甜苦咸鲜"，其他味道都要靠鼻子才能"尝"出来。

例如，捏住鼻子吃香草味的软糖时，会发现只有甜味而尝不出香草味，松开鼻子后就能尝到了。

超级完美的鼻子

一般来说，人可以坚持几天不吃饭，但不能几分钟不呼吸。所以鼻子对我们来说非常重要，那么我们的完美鼻子究竟是什么样的呢？

我们的鼻子很特别

我们的鼻子包括外鼻、鼻腔和鼻窦三部分。

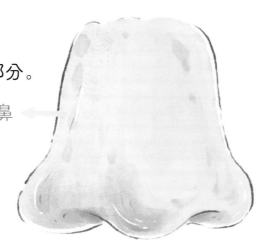

外鼻

外鼻就是我们能看到的鼻子，自然界中只有人类在扁平的脸上长了突出挺立的鼻子。

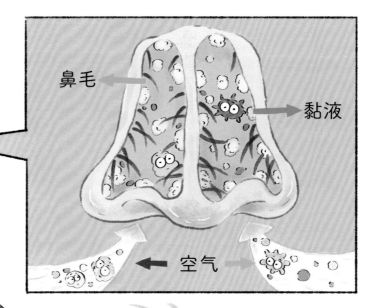

鼻毛

黏液

空气

鼻腔是呼吸的通道，里面有鼻毛和黏液，能过滤吸入的空气。

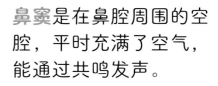

鼻窦是在鼻腔周围的空腔，平时充满了空气，能通过共鸣发声。

鼻子怎样闻气味?

1. 吸气时，飘在空气中的气味会钻进鼻腔。

气味分子

大脑

2. 鼻腔内有块黏膜，上面有许多嗅细胞，与气味分子相遇后会产生特定的信号。

嗅觉的产生

嗅细胞

进入鼻腔的气味分子

3. 特定信号通过嗅神经传递给大脑，产生对应嗅觉，于是我们闻到了气味。

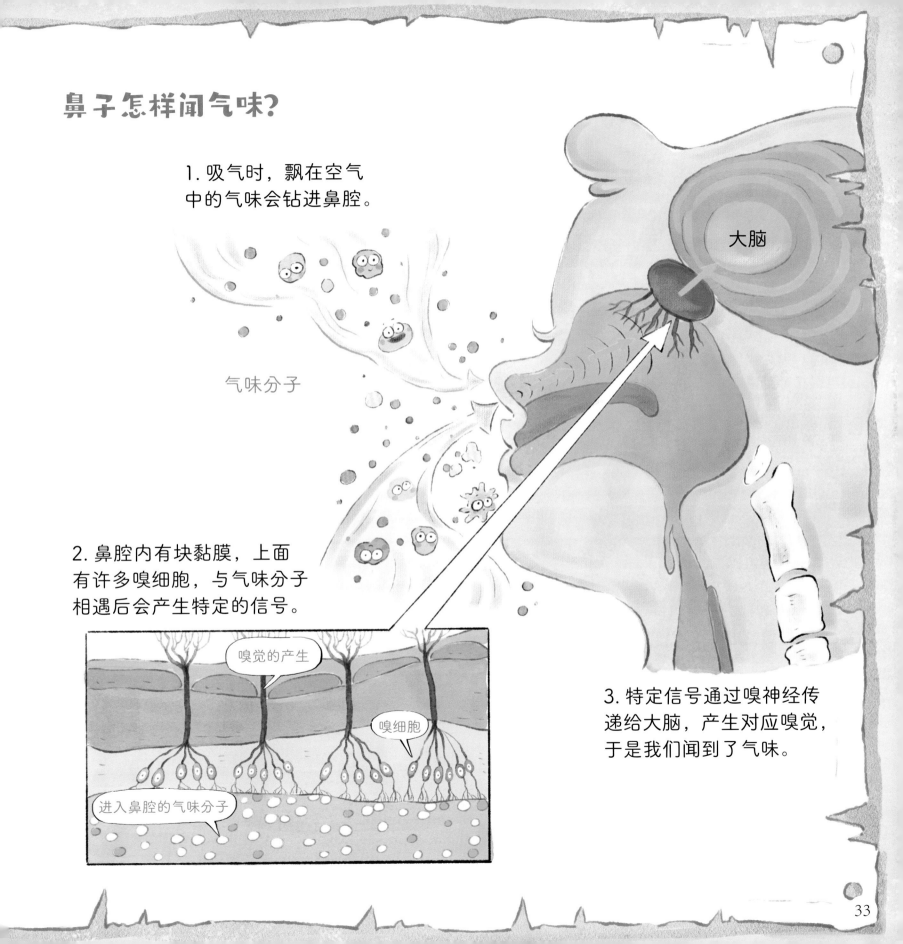

33

保护小鼻子

我们的鼻子可是非常脆弱的，要想保护好我们的鼻子，下面这些事情可千万要记得。

千万记得——

不要挖鼻孔。挖鼻孔不仅会让鼻孔变大，还可能导致流鼻血。

鼻毛

灰尘

病毒

细菌

不要拔鼻毛。没了鼻毛，鼻子可能无法阻挡外界的有害物质。

不要长时间待在过冷或过热的不良环境中。

还可以——

定期使用温盐水冲洗鼻腔，清理鼻腔中的脏东西。

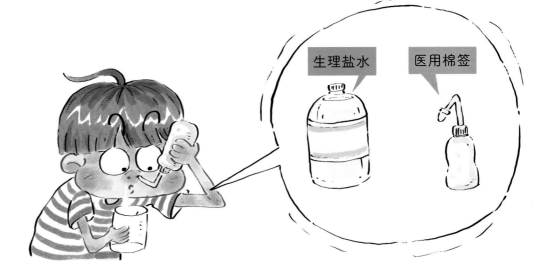

戴口罩，减少接触花粉、雾霾等容易引起过敏的物质。

养成良好的生活习惯，避免熬夜，多吃新鲜蔬菜，少吃辛辣食品。

你不知道的鼻子

你知道吗？我们的鼻子其实一开始并不是用来呼吸的。

最早的鱼类祖先就已经长出了鼻孔，但那时鱼类还在用鳃呼吸，鼻孔唯一的作用就是闻气味。

曙鱼的鼻孔

豁口

肯氏鱼

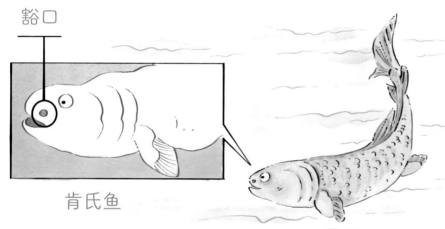

后来水里的氧气变少，靠鳃呼吸不够用了。鱼类祖先便把头部外表面的鼻孔通向嘴里，形成一个豁口，用来导入空气，鼻子开始有了呼吸的功能。

但鼻孔通向嘴巴就不能同时吃饭和呼吸，于是到四足动物祖先时，又演化出上颚，把口腔和鼻腔给分开了，这样吃饭时也能正常呼吸，真正的鼻子也由此形成。

人类鼻子的造型在所有动物中是独一无二的，而我们的鼻子为什么会进化成这样，学界目前也是说法各异。

观点一

认为人类的鼻子具有共鸣作用，随着用声音表达情感越来越重要，鼻子越大说话也就越清楚。

观点二

认为鼻子可以当作护盾，坚硬的鼻梁能够保护眼睛。所以我们看到拳击手的鼻梁上伤痕累累，但眼睛却没事。

观点三

认为突出的鼻子是用来阻挡水的。因为人类的祖先曾生活在水中，为了适应环境，鼻孔向下能在潜水时避免水进入鼻腔。

小游戏

你知道下面这些关于鼻子的问题中，哪些答案是正确的吗？

1. 下面哪项不是我们鼻腔拥有的功能？

A. 加热空气　　　　　B. 过滤空气　　　　　C. 储存空气

2. 一个成年人每天要用鼻子呼吸多少次？

A. 2 万多次　　　　　B. 10 万多次　　　　　C. 5000 多次

3. 下面哪些不是鼻毛能够阻挡的有害物质？

A. 灰尘　　　　　B. 细菌　　　　　C. 毒气

答案：1.C，2.A，3.C。

你知道下面这些有关鼻子的行为里，哪些是可取的，哪些是不可取的吗？
请给它们分别打上"√"和"×"吧！

☐ 没事就抠鼻孔

☐ 雾霾天戴上口罩

☐ 冬天长时间待在户外

☐ 用镊子拔鼻毛

☐ 吃掉抠出来的鼻屎

☐ 多呼吸新鲜空气

☐ 把鼻子埋进花朵里闻

☐ 超用力擤鼻涕

☐ 用生理盐水清洗鼻腔

答案：× √ × × √ × √ √ √

作者简介

段张取艺童书成立于 2017 年，是一家图文一体的童书原创研发公司，涉及领域包括幼儿启蒙、科普百科、学科、儿童文学等。

创作出版了原创图书 300 多本，主要作品有"逗逗镇的成语故事"系列、"古代人的一天"系列、"如诗如画的中国"系列、"神仙妖怪"系列、"文言文太容易啦"系列等，版权输出至英国、德国、法国、俄罗斯、乌克兰、韩国、越南、尼泊尔等多个国家，以及中国香港、中国台湾等地区。其中《皇帝的一天》入选"中国小学生分级阅读书目（2020 年版）"、入围 2020 年深圳读书月"年度十大童书"，《水哎》获 2022 年阿联酋沙迦国际插画展优秀作品奖，"神仙妖怪"系列图书获得香港教育城主办的"第 20 届十本好读"小学生最爱书籍第一名，《太空的一天·空间站生活的一天》获 2023 年冰心儿童图书奖图画书奖。

出 品 人：段颖婷

创意策划：张卓明

文字编创：黄易柳

插图绘制：郭汝荣